日本の農林水産業が世界を変える

日本の農林水産業が世界を変える

はじめに

二〇一一年三月十一日、東日本大震災が発生したその瞬間、私は仙台にいました。市内のホテルで、社団法人日本酪農乳業協会（現一般社団法人Ｊミルク）東北ブロックの会議に出席していたのです。

仙台は比較的大きな地震が起きやすい地域でしたが、この日はあまりにも大きく揺れたので、地元の人たちも皆「これほど大きな地震は初めてです」と震え上がっていました。

地震と津波により交通網が遮断されたので、帰京する手段を失った私は、避難民暮らしを経験しました。会議に参加していた五人の仲間たちと、仙台駅近くのビルの五階のエレベーターホールで過ごすことになったのです。

仲間のなかには、結婚して子供が生まれたばかりの若者がいました。余震が続くなか、「こんな所で死にたくない」と大声で叫んでいたことを覚えています。

市内は地震直後からずっと停電していたため、暖房をつけることができませんでした。三月とはいえ仙台はまだ寒く、夜中になると外の気温は〇℃を下回ります。幸い私たちは建物のなかにいましたが、それでも布団はおろか、寝袋さえない状況で夜を明かすのは辛《つら》い。皆コートを羽織《はお》って床に座り込み、ブルブルと震えていました。

すると仲間の一人がトイレからトイレットペーパーを持ってきてくれました。私たちはこのトイレットペーパーを体に巻きつけ、ミイラのような格好で眠りにつきました。

結局、交通網が復旧する翌々日まで、私たちは避難民暮らしを強《し》いられました。


私が農林水産業の振興と農山漁村の活性化を目的とする「農林水産業活性化構想研究会」(活構研)を立ち上げたのは、三・一一の地震と津波によって引き起こされた福島第一原発の事故がきっかけです。

地震が起きる以前も私は、町おこしに協力するボランティアを続けていました。ところがこの痛ましい原発事故が発生したことで、震災復興に尽力したいと強く思うようになったのです。その最も大きな理由は、この事故によって原発から四十キロ離れた福島県・飯舘村《いいたてむら》までもが避難指示区域に指定されたことです。

農林政策の観点でいえば、飯舘村は農業や林業を中心に元気な村づくりを推進してきた、理想的ともいえる村でした。しかし、村民は原発事故によって避難せざるを得なくなりました。私自身が飯舘村の村おこしに関わっていたこともあり、必ず元気な飯舘村を取り戻す、そして東北の活性化につながる仕事をすると決意したのです。

早速、私は東京で東北復興を目的とした取り組みを始めました。地震から三カ月後となる六月二十日には、一般社団法人日中文化経済交流発展基金会会長の三浦一志氏と公益財団法人日本原子力バックエンド推進センター理事長（当時）の菊池三郎氏の三人で福島県庁を訪れ、原発事故対策に対する申し入れを行いました。

時期を同じくして、株式会社日本遮蔽《しゃへい》技研の梅野聖雄会長（当時）とお会いする機会がありました。日本遮蔽技研は放射能を遮蔽する技術を研究しています。私が東北復興を目的とする自身の取り組みについて述べると、梅野氏は非常に強い関心を示してくれました。そして後日、「虎ノ門に事務所を構えるのですが、本田さんも一緒に使いませんか？」と声をかけてくれたのです。

そうして活構研は、虎ノ門のビルに事務所を構えることになりました。

活構研では、農林水産業に携《たずさ》わる会員や衰退する地方に危機感を抱いている会員たちと、勉強会や現地視察を続けています。当初、十社足らずの会員で始めた小さな集まりでしたが、徐々に会員が増え、現在は三十社を超えます。

活構研の設立から七年後の二〇一九年九月には、運命的な再会がありました。自由民主党職員（当時）の田村重信氏と、約二十年ぶりの再会を果たしたのです。私が現役の役人だったころは、永田町や霞が関でよく顔を合わせていました。しかし私が二〇〇〇年に退官すると、疎遠になっていました。

活構研の事務所がある虎ノ門のビルには、ジャパンスターエンタープライゼズ株式会社（JSE）の事務所もあります。同社については第4章で詳しく紹介しますが、営業本部長の園山直樹氏が田村氏と交流がありました。そしてあるとき私のことが話題にのぼり、これも何かの縁だと、酒席をともにすることになりました。

いざお会いすると、昨日も一緒にいたような感じで、田村氏と一緒に魚の消費拡大の政策を担《にな》った盟友・石原葵氏（元農林水産事務次官）も加わって、四人で大いに盛り上がりました。

田村氏は二〇一八年に自民党を定年退職されると、その後二年間は嘱託《しょくたく》として勤務。二〇二〇年七月末に正式に党を去りました。その後、政治評論家として活躍されていますが、JSEの特別顧問を務めており、いまでは虎ノ門の事務所で机を並べています。

再会から半年ほど経った二〇二〇年春、田村氏から「本田さん、書籍を出版しませんか」と勧められました。氏は、これまで安全保障や憲法などをテーマにした書籍を五十冊以上出版しています。ご著書のなかには『本を出すと人生が変わる！』（共著、内外出版）というユニークな本もあります。

私は本を出すことにかなり逡巡《しゅんじゅん》しましたが、コロナ禍による日本の大転換機に直面し、コロナ後の日本にとって農林水産業と地方の活性化が不可欠だとの思いを強く抱き執筆したのが本書です。

本書では、序章で田村氏と対談を行い、東京一極集中の日本が直面する問題と、活構研の趣旨について言及しています。

また、第1章では農政の世界から見た戦後の日本社会の特徴と、これに関わる私のこれまでの活動について述べました。

第2章以降では、活構研に参加する企業の実績や、各企業が保有する最新のテクノロジーについて解説しています。このテクノロジーが日本の農林水産業を牽引《けんいん》することになるでしょう。

コロナ禍にあって、地方を活性化させるのに農林水産業は欠かせません。農林水産業を元気にするには、技術力とそれを活かす意欲的な農林水産業者の存在が最も重要であり、切り札となる革新的な技術と人材が必要なのです。

いまの日本には、双方とも十分に存在します。本書を通じてそれを感じ取っていただき、農林水産業の未来、そしてコロナ後の日本の未来に希望を持っていただけたら、私にとってこれ以上の幸せはありません。

令和三年四月　農林水産業活性化構想研究会代表　本田浩次

◇目　次◇

第2章　農林水産業をリードする活構研会員

①有限会社瑞穂農場／代表取締役会長・下山好夫氏

第3章 地方創生の鍵を握る十二社

特別対談・田村重信（政治評論家、元自民党職員）

「地方の元気は日本の元気
――村づくりが私のライフワーク」

八百屋のぼやきで芽生えた農業に対する負の思い

田村　本田さんと出会ったのは、いまから三十年以上前ですから、本当に長いつき合いになりますね。当時の本田さんの役職は構造改善事業課長でした。一緒に仕事をする機会はそれほどありませんでしたが、たまに顔を合わせたときは、いつもニコニコしていて、役人という感じはしませんでした。なぜ農林省（現農林水産省）の役人になったのだろうかと、不思議に思ったほどです。役人になる前から、農業との関わりはあったのですか？

本田　私は埼玉県上尾《あげお》市の農家の息子として生まれました。一九六五年に県立浦和高校に入学すると、三年間、北浦和駅から高校まで一キロほど浦高通りを歩いていました。

当時、通り沿いには小さな八百屋があったのですが、ある日のこと。下校中にその八百屋の前を通りかかったときに、買い物中の主婦が不満げに「最近、野菜の値段が高いけど、どうしてなのかしら？」と店主に訊《たず》ねているのが耳に入りました。すると店主は一言、「百姓が悪いからだ」と答えたのです。

農家の息子だった私は、この言葉に強いショックを受けました。両親は米と野菜をつくっていたのですが、父が「一トントラックいっぱいの野菜を売っても、せいぜい二百〜三百円の収入にしかならない」と嘆いていたことを覚えていたからです。農業など馬鹿馬鹿しくてやっていられないと強く思いました。

田村　最初は農業に対してネガティブな印象を抱いてしまったのですね。

本田　そうなのです。懸命に野菜をつくっても儲からない。加えて主婦からは野菜の値段が高いと不満に思われ、八百屋の主人からは「百姓が悪い」と文句をいわれる。そんな農業に夢を抱けるわけがありませんでした。

田村　そんな本田さんがなぜ農林省に入ったのですか？

本田　直感的なものでした。高校を卒業した私は、一年浪人して東京大学経済学部に入学しました。ゼミでは経済学者、大内力《つとむ》氏の「現代日本経済論」と「農業経済論」を学びました。

就職活動を始めたのは大学四年の夏です。私は漠然と公務員になろうと考えるようになっていたのですが、具体的にどこで働きたいと考えたときに、何となく農林省で働きたいと思ったのです。農家の息子だからといって、強い志《こころざし》があったわけではありません。すでに述べたとおり、農業に対してネガティブな思いを抱いていたくらいですから。直感的に「農林省は私に合いそうだ」と感じたのです。そして一九六八年の春、希望どおりに農林省に入省することができました。

流通革命を目の当たりに

田村　農林省では最初に何をされたのですか？

本田　まずは畜産局に配属されました。畜産局は牛乳や食肉、鶏卵などの畜産物を国民に供給することと、畜産農家の経営を安定させることを目的に取り組む局です。私は畜産局で四年間仕事をしました。

田村　最初に配属された局に四年も所属するというのは珍しいですね。普通は二年程度でほかの局に異動になるでしょう。いい仕事をして、上司に仕事ぶりが買われていたのですか？

本田　たまたまだと思います。いまになって振り返ると、畜産局に四年も所属できたのは幸運でした。というのも、畜産局は農林省のなかでも珍しい部所で、畜産業界の川上にあたる生産から、川下《かわしも》にあたる消費まですべてカバーします。だから畜産や酪農の全過程を学ぶことができました。

田村　具体的にどんな仕事をしていたのですか？

本田　最初は庶務課にあたる畜政課で下働きをして、三年目に牛乳乳製品課に異動になりました。牛乳や乳製品の生産と加工、流通、そして消費を所管する課です。いまでもよく覚えているのは、牛乳の流通形態を変えたことです。昔はどの家も、牛乳を毎朝家に配達してもらっていたでしょう。

田村　朝起きると、玄関に牛乳瓶と新聞を取りに行くのが日課でしたね。

本田　どの家庭もそうでした。ただ、牛乳瓶はガラス製だから非常に重い。配達員は牛乳というより、瓶を運んでいるような状態でした。しかも各家庭に配達しなければならないわけですから、牛乳販売店は配達員をたくさん雇わなくてはなりませんでした。

しかしその一方で、一九六〇年代の高度成長期を経て、日本では労働者の賃金が高騰していました。つまり牛乳配達という流通ではコストが上がってしまい、牛乳の価格を上げざるを得ない状態が続いていたのです。

田村　配達員の賃金が上がった分、牛乳の価格を上げなければメーカーも牛乳販売店も潰《つぶ》れてしまいますからね。

本田　そこで畜産局では、牛乳瓶を紙容器に代えようというアイデアが出た。紙容器なら瓶よりも軽いので、配達も楽になるでしょう。

それから紙にするメリットはもう一つありました。それまでは空き瓶を回収しなければなりませんでした。つまり販売店から消費者のもとに瓶で牛乳を運び、次に空き瓶を回収するという回転型の流通形態が強《し》いられていたのです。

ところが紙容器にすれば、消費者が自分で空き容器を捨てられるので、瓶を回収する必要がなくなります。つまり一方通行の流通形態が可能になるということです。

加えてこの時期の日本では、大きな変革がありました。大型スーパーが急増したのです。すると消費者は、スーパーで牛乳を買うようになりました。それと同時に、販売店から消費者に牛乳を届ける流通は激減しました。

田村　流通革命が起こったのですね。

本田　そうなのです。牛乳の価格の高騰を食い止めるにはどうしたらいいのか、時代に合った流通形態は何なのかを考えて、農林省が政策を実施しました。そうしてたった一～二年で社会が急激に変化したのです。私はまだ入省三年目の若造でしたが、その過程を見ることができたのは、大きな財産になりました。

田村　おかげで牛乳の価格は安くなりました。戦後の日本で国民の健康寿命や身長が伸びた理由の一つは、牛乳が安くなり、多くの人が飲めるようになったことにあるのかもしれません。

価格決定の舞台裏

田村　価格といえば、私が自民党の職員として農林部会を担当していた当時、牛乳や米の価格は政府が決めていました。一九七八年に自民党で働き始めた私は、全国組織委員会で支部組織を活性化させる業務などを担《にな》ったあと、政務調査会に異動となりました。政務調査会とは政策の立案と実行を担う部所です。国防部会や法務部会など十四の部会が設置されており、最初に私は農林部会と水産部会に配属されました。農林部会での大きな思い出の一つが、米の価格決定です。

本田　私は食品流通局長としてサトウキビとデンプンの価格、畜産局長として牛乳と食肉の価格決定に携《たずさ》わりました。

価格決定には算定方式があります。米は米農家、牛乳は酪農家で生産しています。そこでまずは農村部の所得と都市部の所得を照らし合わせる。農家の収入を保証しなければならないし、同時に価格が異常に高騰することも避けなくてはなりません。できるだけ価格を高くしたいというのが生産者側の考えです。そこで農林省の役人が、農家の実態を調査して資料を作っていました。

田村　政治家や農水省の役人、そして私たち自民党職員が集まり、数日徹夜で議論して、価格を決めていました。

私が農林部会に所属していたときは、中曽根康弘内閣でした。後藤田正晴《ごとうだまさはる》官房長官のほか、農林三役（農林部会長など）、そして主計局長・食糧庁長官などが自民党本部の総裁室に集まって折衝する。隣の総裁応接室で竹下登幹事長、安倍晋太郎総務会長、伊東正義政調会長の党三役が、価格が決まるのを待っていて、私も同席していました。毎年、錚々《そうそう》たるメンバーが集結していたことからも、重要な任務なのだと実感したものです。

政府の財政当局の考えと農水省の考えがあり、それぞれ意見が異なります。だから議論して調整していきました。その際、まずは農林部会で党の考えを統一しなければなりません。ただ、これが非常に大変でした。農協の圧力団体の代弁者となる議員もいるからです。当時、そのような議員を「ベトコン」や「アパッチ」と揶揄《やゆ》して、自分たちを「正規軍」と呼んでいたものです。価格を決める前には、党内で多くの争いがあった。米価は夏、乳価は三月に価格を決めていましたが、年に二回のビッグイベントでした。そのほかにも砂糖、サトウキビなどの価格も決めていました。
現在、乳価は政府が介入しているものの、米価はルールに沿って、自動的に価格を決めるというシステムになりました。

本田　私がここで指摘しておきたいのは、本来、神様が決めるべき物の価値を政府や役人など、人間が決めるのだから大変な任務だということ。米、牛乳をめぐって何人もの役人が傷つき、中には命を失った人もいます。私は価格決定の任務にあたるうえで、とにかく真剣にやらなくてはならないと、そう自分に言い聞かせていたことを覚えています。

農村と都会に隔たりが生じた

田村　現在、一府十一省一庁ある省庁のなかで、エリートが入省するのは財務省と外務省です。ただ、以前は大蔵省と農林省に入省していたものです。かつての大蔵省や現在の財務省は国の財政を担う重要な省なので当然ですが、食料の安定的な供給を担う農林省もまた、同じくらい重要でした。いまよりも農家の人口が多かったことも、農林省が重んじられた理由の一つでしょう。工業やサービス産業が発展した現在よりも、農林業は国の重要な産業でした。当時の大蔵省の農林担当主計官は、最も優秀な人材が当てられていたし、その大半はのちに事務次官になっています。

本田　一九五〇～八〇年の三十年間で、日本の社会は急激に変わりました。端的にいえば、農村型社会から都市型社会に短期間で変わったのです。世界的に見ても、これほど早く社会構造が変わったケースはなかなかないでしょう。そしてこのころから、多額の税金を投入していた米に対して、過保護農政だという批判の声が上がるようになりました。

そんな激動の時代に農林省に身を置いていて、非常に強く感じたことがあります。それは言葉の変化です。私も含めて農林省の役人の言葉は「村社会の言葉」でした。だから農村の人々と円滑にコミュニケーションが取れました。それと同時に、都市部の人とも同じように会話することができました。ところが一九八〇年代になると、徐々に村社会の言葉では、都市部の人に理解してもらえなくなったのです。

田村　農村部と都市部に大きな壁ができてしまったのですね。

本田　そのとおりです。そして私はこの点に強い危機感を持っています。だから農業や農村に対する国民の理解を深めると、そう心に誓ったのです。その思いが後述する「農林水産業活性化構想研究会」（活構研）の活動にもつながっています。

米は過保護農政だという批判は、村社会、つまり農村型社会が急速に都市型社会に変わっていることの象徴のように感じました。鈴木善幸政権下で臨時行政調整会（土光《どこう》臨調）が発足された一九八一年当時（詳細は第1章で解説）、最も強く批判していたのは経済界とマスコミです。両方とも「都会の声」の代弁者といってよいでしょう。東京にいると都市部の状況は分かっても、地方のことは分からなくなります。だから批判を続けていたのです。

約三十五年の役人生活で、一九八五〜八八年の三年間、私は北海道庁に出向しました。八五年にはG5（日本、アメリカ、イギリス、フランス、西ドイツ）でプラザ合意がなされました。表向きは為替《かわせ》レートの安定を目的とした合意でしたが、本当の狙いは円高ドル安に誘導することにありました。また、一九八七年には株価が大暴落した「ブラックマンデー」が世界を襲いました。

私が北海道にいた三年間は、円高が急速に進み、日本が不況になっていく時期だったのです。もちろん、経済界はこの危機を乗り越えることに心血を注ぎました。しかしその一方では、不況なのだから農業も税金による援助に頼っていてはダメだという、農政に対する批判の声がますます上がるようになりました。

そういった時期を北海道で過ごした私は、道内の企業に、農業への支援をお願いして回りました。すると、企業は積極的に支援してくれました。道民には、農業や酪農が低迷すると北海道の景気が悪化するという意識があったからです。そしてこのとき私が感じたのは、北海道の声は東京の声とはまったく違うということです。

都会の声を聞いていると、日本人は農業を軽視していると感じるかもしれません。しかし地方の声を聞くと違う。北海道で暮らしていた私は、道内の声を聞き、やはり農業を活性化させなくてはならないと強く感じました。

田村　いまも都市化が進んでいて、そういった批判は年々強くなっています。地方の活性化に農業の活性化は欠かせませんが、その農業が批判されるようになってしまった。これでは地方は疲弊する一方です。

本田　そのとおりです。農業に力を入れている町は元気で、元気な町には子供がたくさんいます。ただ、そのような町はごく一部です。地方からは仕事が減り、人も減っているのが現状です。

日本はいま、少子高齢化と人口減少に直面しています。その大きな原因は東京一極集中の社会構造と地方の衰退にあります。これが日本が抱える最大の問題だと思っています。

昨今、少子化対策として、子育て支援や待機児童の解消を訴える政治家がたくさんいます。確かにこういった対策も必要でしょう。しかし、地方に仕事があれば若者は地方で働き、地方で家庭を築きます。そうすれば地方は活性化して子供の増加にもつながります。それを実践している町もあります。

田村　近年の政治家は都会の声ばかり優先させています。その大きな理由は、選挙制度が変わったからです。一九九六年の第四十一回衆議院議員総選挙から小選挙区制が導入されました。小選挙区制は人口に比例した制度です。これを機に東北六県の議席数は二十六議席に減り、いまではさらに三議席減り、二十三議席になりました。現在は二十五議席ある東京より少ないのです。だから選挙になると、都市部の有権者を意識する候補者が増えました。当然、当選後は都市部の人が喜ぶ政策を実行することになります。

本田　森林環境税は林業を活性化させるための税金ですが、東京都にも使われていますね。

田村　田中角栄の「日本列島改造論」のように、日本全体を考えている政治家は極めて少ない。地方の惨状に目をやる政治家も減ってきました。

五輪は東京で開催され、万博は大阪で開催されます。二〇一八年には国会でＩＲ実施法が成立しました。現在、カジノ建設の候補地として東京の台場や大阪の夢洲《ゆめしま》、愛知の名古屋と常滑《とこなめ》、神奈川の横浜、そして和歌山や長崎の名前が挙がっています。大半は都会ばかりで、すでにたくさんの人で賑《にぎ》わっているエリアです。これ以上、人を集めてどうするのでしょうか。ＩＲこそ疲弊した地方につくって、活性化させるべきだと思います。

五輪や万博を招致することで設備投資をする。そうしてその町に道路やホテルが建設されていく。それが五輪や万博を開催する主目的だったはずです。すでに発展している東京や大阪で開催するのは、目的とずれています。

本田　一部の都市を優先的に発展させれば、短期間で繁栄します。効率を重視する日本人には、このやり方が合っているのかもしれません。ただ、一部の都市の繁栄と同時に、地方はどんどん衰退していきます。

東京一極集中の日本で災害が起きたら

本田　戦後の日本は瞬《また》く間に復興を果たし、高度成長期を経て、国民の暮らしは一気に豊かになりました。当時の日本人は寝る間も惜しんで働きました。ただ、それだけで経済大国になれるわけではありません。では、なぜ日本は短期間で発展できたのかといえば、世界情勢が味方したからです。

一九五〇年に韓国と北朝鮮による朝鮮戦争が勃発《ぼっぱつ》すると、日本はその恩恵を受けることになりました。在日米軍のみならず、朝鮮半島で韓国を支援していた米軍から、日本企業に砲弾や弾薬などの注文が届くようになりました。こうした「朝鮮特需」によって、日本に多額のお金が舞い込んできた。その額は数十億ドルに上ります。このお金によって、日本はその後の発展の礎《いしずえ》を築くことができました。

一九五三年に朝鮮戦争は休戦しました。そしてその後の世界は、アメリカを中心とする自由主義陣営と、ソビエト連邦(現・ロシア)を中心とする共産主義陣営が対立する冷戦時代に突入しました。この冷戦は、一九八九年十二月、当時のジョージ・ブッシュ米大統領とソ連のミハエル・ゴルバチョフ大統領が地中海の国、マルタで会談を行い、冷戦の終結を宣言するまで続くことになります。二年後の一九九一年十二月にはソ連が崩壊しました。

冷戦時代は、飛び抜けた軍事力を誇るアメリカが世界の警察官を務めたことで、大きな紛争に発展することはありませんでした。加えて日本には米軍が駐留しており、これが日本にとっての大きな抑止力となりました。だから日本は米軍の庇護《ひご》下で経済活動に専念することができたわけです。こうした状況もまた、日本の経済発展の味方になったといえるでしょう。

ところがいま、アメリカはかつてほどのプレゼンスを発揮できなくなり、二〇一三年には当時のバラク・オバマ大統領が「アメリカは世界の警察官ではない」と述べました。アメリカの弱体化を象徴するような発言でした。

二〇一七年にドナルド・トランプ大統領が誕生して、少し持ち直していました。しかし、アメリカ国内では新型コロナウイルスの感染者が爆発的に増え、BLM運動（ブラック・ライヴズ・マター）など白人と有色人種のあいだで争いが絶えません。二〇二一年一月にはジョー・バイデン政権に移行しました。情勢が安定しているとはいえないのです。

その一方でGDPはアメリカについで世界第二位の中国が、覇権国家への野心を隠さなくなり、拡張主義を掲げて勢力を伸ばしています。

こうした状況の下、世界情勢がかつてのように日本の味方をする可能性は極めて低いでしょう。朝鮮特需のようなことは二度とないでしょうし、安全保障を米軍に任せて経済活動に専念していればいいという時代ではなくなったのです。

田村　確かに日本が置かれている立場は厳しい。経済誌『週刊ダイヤモンド』（ダイヤモンド社）は、二〇一八年八月二十五日号で平成元（一九八九）年と平成三十（二〇一八）年の「世界時価総額ランキング」を掲載しました。時価総額とは、上場企業の株価に発行済株式数を掛けた数字です。企業を評価する指標となり、数値が高いほど優秀な企業といえます。

日本が好景気に沸いていた平成元年、時価総額が世界一位の企業はＮＴＴでした。二位以下も日本興業銀行、住友銀行、富士銀行、第一勧業銀行と続き、トップテンのうち七社を日本企業が占めていました。

ところが三十年後、トップテンはアップルやアマゾンなどのアメリカ企業、アリババなど中国企業が占めており、日本企業はトヨタ自動車の三十五位が最高位です。日本は凋落《ちょうらく》してしまいました。

本田　今後、大きな景気拡大が見込めない状態で、さらに私が危機感を抱いているのは、日本で災害が多発していることです。近い将来、必ず巨大地震が発生します。しかも日本では、太平洋ベルト上に位置する東京、名古屋、大阪ばかりが発展しています。もし将来、太平洋ベルト地帯を襲う地震が起きたらどうなるか。三・一一の東日本大震災と同じ規模で、首都直下型地震が発生したら、日本は確実に崩壊します。

田村　一九九〇年代に国会で首都機能移転に関する議論が活発に行われました。個人的には早急

田村重信氏

に実現させるべきだと思っています。移転にかかる予算を心配する声もありますが、新しい都市をつくるとなると建設国債で賄《まかな》えます。

　首都は切り分けたほうがよいことは、世界を見れば明らかでしょう。アメリカの首都はニューヨークではなくワシントンDCだし、オーストラリアの首都はシドニーではなくキャンベラです。こうした国では、仮に国内最大の街で災害やテロなどが起きたとしても、政治がきちんと機能します。逆に日本は、東京が危機的状況に陥《おちい》ったら、たちまち政治も経済も機能しなくなるでしょう。

ただ、首都機能移転には反対の声が多く、特に役人が強く反対しています。以前、ある役人と首都機能移転について話したことがあります。私は「首都を新潟に移しても良いのではないか」といいました。するとこの役人は「新潟は雪が降るから大変です」と反対したのです。これはおかしな考えです。世界に目をやれば、雪が降るエリアが発展しているし、首都もある。アメリカの場合、ニューヨークもワシントンＤＣも雪が降ります。官僚たちが首都機能移転に反対しているのは、自分たちが東京から離れたくないからなのです。

本田　現状の偏《かたよ》った状況は改めなくてはなりませんね。

「現場に行け」を実践するために

田村　農業や農村に対する国民の理解を深め、地方を活性化させる、その思いで発足させたのが「農林水産業活性化構想研究会」ですね。どのような経緯で誕生したのですか？

本田　きっかけは東日本大震災でした。その日、私は仕事で宮城県仙台市にいました。地震と津波に襲われた仙台では交通機関が完全に麻痺《まひ》したため、私は二日間にわたって避難民暮らしをすることになりました。三日目にようやくタクシーが手配できたので、なんとか帰京することができました。

震災後、一人の役人ＯＢとして東北の復興を手伝うなかで、日本は本当に大丈夫なのかと心配になりました。疲弊する地方に災害が襲い、ますます深刻な状況になった。そんな地方に元気になってもらいたい、そのための活動をしたいと思ったのです。

それからもう一つ。昨今、霞が関の現役の役人と地方との接点が希薄になったと感じたのも大きな理由です。元水産庁長官の佐竹五六《さたけごろく》氏がある団体の機関誌に書いていますが、農林省では「分からないときは現場に行け」という教訓がありました。佐竹氏のこの言葉が当時の役人の行動規範であり、私もこの言葉を胸に刻んで、職務を全《まっと》うしていたものです。

ところが昨今は地方の状況を理解する役人が少ない。農業、林業、水産業に従事する人々の思いを分かっている役人が農水省に少ないのです。

田村　なぜ役人の気質が変わってしまったのでしょうか？

本田　いくつか理由があると思いますが、やはり役人と地方が交流する機会がなくなった、それが大きな理由だと思います。かつては官官接待や官民接待が当たり前のように行われていました。

接待というと、一般的には悪いイメージがあるでしょう。しかし、地方公務員や民間企業の役員から食事をご馳走になり、そのお礼に彼らの要望を受け入れていたというわけではありません。こうした接待は、あくまでも現場のリアルな声を聞くことが目的でした。一緒に食事をしながら、地方の状況を共有していたわけです。

ところが一九九〇年代半ばから、社会的にこうした接待が問題視されるようになり、役人と地方との接点がどんどん希薄になってしまいました。

これは由々《ゆゆ》しきことです。だから私は役人と地方の人の交流の場を設けようと思い、活構研を立ち上げました。二〇一二年のことになります。

田村 役人と地方の接点をつくる。それだけでも意味のあることですね。具体的にどんな取り組みをしているのですか?

本田 現役の農林水産省の役人や企業の経営者を講師に招いて、年に十回、虎ノ門の事務所の会議室で勉強会を開催し、積極的に意見交換をしています。活構研の会員は農業、畜産業、漁業、林業などの経営に従事している人たちなので、有益な情報を共有することができます。

田村 まさに霞が関と地方、そして地方と地方の接点をつくっているわけですね。各業界の人からすると、農水省が何を考え、どんな政策を実施しようとしているのか、よく理解することができる。それだけでも大きな意味があると思います。逆に役人にとってみても、各業界の現場の声を聞けます。すると、やるべき政策が何なのかを理解することになるでしょう。

本田 会員は各業界でナンバーワンの経営者ばかりです。私が役人時代に知り合った方々に参加してもらいました。最初は十社程度でしたが、噂を聞きつけて新たに加わってくれた会員もいて、現在は三十社以上になります。現役の役人が彼らの声を聞く機会を設けることで、結果的に役人が「分からないときは現場に行け」を実践することになります。

接点と交流が地方創生の秘訣

本田　二〇一六年に設立した「地方創生市町村長協議会」（市町村会）も私の大切な活動の一つです。その名のとおり、地方創生を目的に協議する集まりです。本来、地方創生は当事者である各市町村長が考えて実行するものです。また、農林水産業の活性化は、農協や森林組合、漁協が率先して取り組まなくてはなりません。

そして地方創生に向けた活動を効率よく実行させるには、当事者である市町村長が集まって意見を交《か》わす場が必要です。だから地方創生市町村協議会を設立しました。

田村　その考えはよく分かります。自分の町を活性化させようと市町村長が一人で頑張るよりも、同じ問題意識を共有している人が集まって意見を出し合ったほうが、必ず物事はうまくいきますから。

本田　この協議会には、四つの山村の村長も参加しています。山村を活性化させるために必要なのは、森林と林業です。そこでこの四つの村が中心になり、森林ツーリズム推進協議会も設置しました。これは地方創生市町村長協議会の一部といえる組織で、林業の活性化を目的とした活動をしています。

地方を元気にするには条件があると感じています。その条件は以下の三つです。

森林を活用した旅行商品つくり雇用を拡大

森林ツーリズム4村協議会

森林ツーリズム4村協議会は、長野県・朝日村・根羽村、新潟県・弥彦村、岐阜県、白川村によって2017年2月に設立されました。

「国土の3分の2が森林である日本では、森林を活用した地域活性化が必要である」と考え、森林を利用した新しいツーリズムの研究を進めています。また、2018年度農泊（農山漁村滞在型旅行）を活用し長野県・朝日村と根羽村を皮切りに本格的なツーリズム開発に乗り出すなど、普及活動も行っています。

森林ツーリズムのテーマは、国民の健康向上ーウエルネスーと、未来を担う子供たちの教育。体験プログラムを開発し、ツーリズムとして商品化することで、観光産業として新たな雇用を生みだします。

過疎地域の課題である移住定住の施策にも寄与するものとして計画されており、位置づけは地方創生活動となります。

今後、研究会では、森林ツーリズムの活動を自治体、関係団体と連携しながら推進し、全国に広げて行く方向で活動を進めて行きます。

協議会の活動風景

「旬刊旅行新聞」2019年7月11日付

①リーダーとその仲間たちがいる

②地域の条件を活かした長期計画がある

③地域外の応援団がいる

まずは①ですが、リーダーとは市町村長や農協の組合長です。地方創生に対して強い意識があるリーダーがいることが前提になります。とはいえ、リーダーが一人でやる気になっているだけでは何もできません。一緒に町おこしをする仲間が必要です。そのため市町村長と組合長の仲が悪かったり、政争があったりするような自治体が活性化することはありません。同じ志を持って活動できる、そんな人間関係が構築されていなければならないのです。

次に②です。各自治体の特性を活かした長期計画を練《ね》って、その計画に沿った町づくりをしなければなりません。地域ＣＩ戦略を掲げるということです。行き当たりばったりでは必ず失敗します。

③はその自治体の魅力を外にアピールすることです。そのためにも町村内ではなく、それ以外の地域に住む人の意見を取り入れるべきでしょう。すると自分たちが気づいていなかった魅力を発見することもあります。別の町村の魅力や改善点を言い合う、いわば互いにアドバイザーになる。そんな関係を地域外につくらなくてはなりません。

田村　活構研や地方創生市町村長協議会は、まさにその三点を実践していますね。

本田　①〜③が一つでも欠けていたら、町おこしは絶対にうまくいきません。①は各自治体のなかの話なので、まずは町村内で志を一つにしてもらう必要がありますが、②〜③に関しては、やはり都市部の人や他の市町村の人と話をすることで、よりよい計画ができるし、地域外からも応援してもらえるようになります。

地方創生に夢中だった役人時代

本田　私は仕事とは関係なく、昔から町おこしに強い関心を持っていました。地方を盛り上げたいという思いが強かったのです。
一九九〇年代初頭に私は「21世紀村づくり塾」運動を主催しました。地方や農業を元気にするには、人材育成が必須です。そこで現代の松《しょう》下《か》村塾《そんじゅく》をつくるという思いで始めたのです。それと同時に財団をつくり基金も集めました。基金は一口一千万円で二口以上、三十億円を目標に定めました。

田村　それはすごい額です。

本田　通常、役人がお金を集めるときは、自分の所管業界に頼んで回ります。例えば農水省で米のキャンペーンを行う場合なら、農協などの組織に協力を要請するわけです。しかし、「21世紀村づくり塾」を立ち上げるときは、農水省の所管業界からはお金を集めないことにしました。

田村　それはなぜですか？

本田　農村を盛り上げていくためには、まったく関係ない業界の人や企業にも農村の実情を理解してもらい、運動に賛同してもらわなくてはならないと考えたからです。そこで私は、それまで縁がなかった業界のトップ企業に頼んで回りました。

田村　例えばどんな企業ですか？

本田　鉄鋼業の新日鐵、自動車産業のトヨタ、観光業のＪＴＢなど、各業界のトップ企業です。銀行業界では面白いことがありました。私は日本興業銀行に出資をお願いしました。するとその直後に、噂を聞きつけた第一勧業銀行から連絡があった。話を聞くと、「うちがトップです！」と怒るのです。

これはチャンスだと思い、早速第一勧銀の幹部とも面会して協力を要請しました。結果的に興銀と第一勧銀の両方から出資してもらうことができました。

田村　結局、いくら集まったのですか？

本田　目標の三十億円には届きませんでしたが、十五億円ものお金が集まりました。

田村　無関係の業界を回ってそれだけのお金を集めたのだから、本田さんの交渉力はすごいですね。

本田　多くの企業が、疲弊する地方を救いたいという私の問題意識に共感してくれました。それから一九九〇年代前半の日本はまだ景気がよかった。企業も銀行も、こういった社会活動を支援する余裕がありました。

そうして予算の目処《めど》が立ったところで、都市部に住む経営者や著名人の五十人、農村部に住む市町村長や農協の組合長の五十人からなる「21世紀村づくり塾100人委員会」を設置しました。

都市に住む人と農村に住む人を揃えたのは、意見が一方的にならないようにするためです。

都市部を代表する委員には俳優で歌手の加山雄三氏やタレントのマリ・クリスティーヌ氏、そして田村さんの奥さま・邱淑恵《キユースーエ》さんにも参加してもらいましたね。

田村　妻は当時、中国健康コンサルタントとしてテレビなどで活躍していました。

私は自民党で農林部会を担当していたこともあり、すでに本田さんとは顔見知りでした。ただ、深くつき合うようになったのは、妻が１００人委員会の一人に選ばれたことがきっかけかもしれませんね。

本田　それから一九九三年には「いきいき村づくり運動」を立ち上げました。目的は地方創生ではなく健康でしたが、同じ思いを持った市町村長に集まってもらい、議論していました。

健康というと、厚生省（現・厚生労働省）が所管するイメージがあるかもしれません。しかし農水省もまた、体にいい物を作って食べるという点で関係しています。だから、健康をテーマにした町おこしを始めました。

田村　思い立って行動に移せるのがすごいですね。

本田　発足にあたって、最適な協力者がいました。当時、福島県耶麻《やま》郡西会津町《にしあいづまち》の町長を務めていた山口博續《ひろつぐ》氏です。山口氏とは以前から親しくしており、西会津町が健康をテーマにした町づくりを始めたことも知っていました。そこで、同じような取り組みをしたいと考えている市町村長がほかにもいるのではないかと思い、多くの自治体に話を持ちかけました。すると十人の市町村長が参加してくれました。「いきいき村づくり運動」は、主要国首脳会議と同じように開催地を持ち回りにして、年に一度行いました。

田村　具体的にどんな活動をしていたのですか？

本田　医者や栄養学者、食品の科学者や農学者など、健康に関係のある識者を招いて講演会を行いました。また、各市町村長の取り組みを報告してもらいました。加えて、開催地となった町の現地視察も行いました。ほかの自治体の状況を知ることで、改善点などが明らかになるからです。

活動を続けるうちに参加者が増え、十年後には三十人もの市町村長が集まるようになりました。しかし、その大半は小さな自治体の人たちでした。だから二〇〇〇年から始まった市町村合併、いわゆる「平成の大合併」で消滅してしまい、この運動は休止に追い込まれました。

田村　その経験がいまの活動に役立っているわけですね？

本田　そうなのです。「いきいき村づくり運動」を運営したからこそ、役人と市町村との接点をつくること、そして市町村が別の市町村と交流することの大切さに気がつくことができました。

地方に希望が芽生え始めた

本田　北海道は日本の国土の二二％を占めます。たかが二二％と思うかもしれませんが、オランダやデンマークなどの倍の広さになります。また、オーストリアやポルトガルとほぼ同じ広さです。

オランダは北海道の半分しか国土がないのに、農畜産物の輸出金額はアメリカの十六兆～十八兆円に次いで世界第二位の十兆円にも上ります。なぜ北海道はオランダのように稼げないのでしょうか。それは輸出量が少ないからです。

田村　日本ではかつて「輸出＝悪」という風潮が蔓延《まんえん》しており、いまでも日本は内需で十分との主張もあり、輸出量を増やす意識が極めて低い。以前はいかに輸出を抑えているか、そしていかに他国からの輸入を増やすか、そればかりが議論になっていました。そんな考えは改めなくてはなりません。いまでは、政府も農産物の輸出に力を入れています。ただ、世界で売るには、付加価値を持たせなくてはならないでしょう。同じ米でもとびきり美味《おい》しいブランド米にする。野菜も肉も同じです。

本田　中国とＡＳＥＡＮの経済成長は、日本にとって明るい要素です。これは豊かな消費者が近くにいることを意味します。つまりこれまで国内にしかいなかった消費者が、国外にも生まれたといっていいでしょう。

田村　中国では日本食が人気です。丼《どんぶり》ものや寿司など米を使う料理も人気があり、日本の米の美味しさと安全性もよく知っている。だからもっと日本の農作物を輸出して、外国人に食べてもらうべきです。それだけで収益は増えます。

以前、中国のある大学に招かれて、現地で講演したことがあります。中国では、富裕層を中心に日本の物がとにかく人気です。そこでお土産を何にしようかと悩んだのですが、家に頂き物の新潟産こしひかりの小袋がたくさんあったので、それをお土産にして、大学の関係者にプレゼントしました。すると皆、とても喜んでくれたのです。日本の米は間違いなく世界一美味しいし、世界の人もそれを知っています。だから輸出で消費を拡大すべきだと思います。

本田　オランダと同じ条件が整いつつあるのです。これを活かさなくてはなりません。

田村　ＴＰＰ（環太平洋パートナーシップ）協定が十一カ国のあいだで発効されました。国内には輸入した安い食料が入ってくるため、日本の農業に影響はあるでしょう。ただ、その一方で日本は輸出で勝負できる。日本政府は農産物の輸出増加を目的とした組織を発足させます。それだけ輸出に力を入れていくのです。

本田　それは本当に楽しみです。

地方では仕事も人口も減っています。少子高齢化と人口減少による日本の衰退は、いま地方で先行するかたちで表出しているといえるでしょう。現在の地方と農林水産業の姿は、三十年後の日本の姿です。そういった危機感を持って私は地方創生に取り組んできたつもりです。同じ志を持ってくれる人がもっともっと増えてほしい。それが必ず日本の未来を明るくします。

地方の話になると、どうも悲観的な話が多くなってしまいます。しかし活構研に参加している企業は、地方を活性化させています。この点に私は希望を抱いています。各企業の取り組みを見れば、きっと地方創生のヒントを見つけることができるはずです。

第1章

農政の世界から見た戦後の日本社会

節目の年に農林省に入省

二〇二〇年、中国武漢発の新型コロナウイルスの感染が拡大しました。これによって世界中が大きく混乱しています。日本も例外ではなく、新型コロナとの共存を余儀なくされた現在は、大きな変革期にあるといえるでしょう。

歴史を振り返ると、日本には二度の変革期がありました。一度目は一八六七年（大政奉還《たいせいほうかん》）の明治維新、二度目は一九四五年の敗戦です。日本はこうした変革にうまく適応して、経済大国になることができました。

私は一九六八年に農林省に入省しました。以来、約五十年にわたって農林水産業や農山漁村、そして食と健康に関わる仕事を続けてきました。

本章では私が農水省の役人として見てきた日本、そして各町村はどのような問題を抱えているのか、また問題を解消するためにどのような取り組みをしてきたのかについて語っていきます。

まず、戦後七十五年の日本には以下の三つの特徴があると考えています。

①急激な都市化と国土の不均衡な発展

②食生活の変化——洋風化と簡便化

③食料自給率の低下

①について、戦後のベビーブームによる人口の急増と、その後の高度経済成長によって、日本はわずか三十年のあいだに急激な変貌を遂げました。具体的にいうと、農村型社会から都市型社会に変わったのです。

私が農林省に入省した一九六八年、日本の国内総生産（GDP）がドイツ連邦共和国（西ドイツ）を上回り、世界第二の経済大国になりました。二〇一〇年に中国に抜かれて三位に転落するまで、日本はずっと第二の経済大国としての地位を維持してきました。

また、一九六八年は米の生産過剰が顕在化《けんざいか》して、一九七〇年からは米の生産調整（減反《げんたん》政策）が始まりました。それから今日に至るまで、米の生産過剰問題は農政上の難題であり続けています。そういった意味では、私が農林省に入省した年は、日本経済と農政の両面で節目だったといえるでしょう。

乖離する農村と都市

一九八一年に鈴木善幸《ぜんこう》内閣が第二次臨時行政調査会（臨調）を発足させると、私は大臣官房文書課の課長補佐として、窓口を担当することになりました。

臨調はいわゆる「３Ｋ」、米（食糧管理制度）と健保（国民健康保険）と国鉄（日本国有鉄道）という、当時膨大な赤字を抱えていた制度と組織を改革することが目的でした。元経団連会長の土光《どこう》敏夫《としお》氏が会長に就任し、元伊藤忠商事会長の瀬島龍三《せじまりゅうぞう》氏をはじめとする九人の委員、二十一人の専門委員で構成されました。

「３Ｋ」のなかでも、農林水産省が所管する食糧管理制度は過保護農政のシンボルとして、新聞や雑誌などで批判の対象になっていました。多額の税金を投入することに、大きな反発があったのです。そのため臨調が発足されると、この制度の抜本的改革に向けた議論が始まると予想していました。

そこで農水省の幹部は臨調に出席するたびに、米の安定供給を続けるうえでこの制度が重要であることを委員たちに繰り返し説明しました。すると委員たちは最終的に以下のような判断を下したのです。

「農業と農村は大事だ。特に米づくりは日本の原点だ。農業の改革は一筋縄《ひとすじなわ》ではいかない、難しい仕事だということは分かる。しかしながらできるだけ改革に努めるように」

委員たちのこの発言を聞いて、私はマスコミの農政に対する批判の論調と、委員たちの意見には大きな違いがあることに気がつきました。

なぜマスコミと委員の考えには違いがあったのでしょうか。

臨調の九人の委員は七十代、二十一人の専門委員は六十代で、その大半は農村出身か、あるいは農村に縁がある人たちでした。農村で生まれ育ち、農作業が大変だということをよく知っていたのです。そういった人には「村の言葉」が通じます。だから都会に目を向けてばかりのマスコミの論調とは違ったのです。

一九七〇年代初頭は農村で生まれ育った人が多数派でした。だから村の言葉で話していれば、分かり合うことができました。以心伝心黙っていても分かるというのが、村社会の基本だったのです。

ところが日本が急激に発展するとともに、都市型社会に変貌《へんぼう》していきました。すると「村の言葉」を使う人は一気に少数派になり、農村の人々の言葉が通じなくなりました。

極めて短期間に、日本の社会が農村社会から都市社会に変わって、同時に都会言葉が多数派になったということです。この点に大きな問題意識を抱えるようになりました。

この変化に気がついた私には、「もし三十年後に第三次臨調が開かれたら、そのときの委員や専門委員は農業の大切さを理解してくれるだろうか」と不安を感じたことを覚えています。

都市型社会に変貌した日本では、三大都市圏と太平洋ベルト地帯が過密化する一方で、地方の過疎化《かそか》という不均衡な発展が問題になっています。

一九七〇年代以降、田中角栄内閣の「列島改造論」や大平正芳《おおひらまさよし》内閣の「田園都市国家構想」、竹

下登内閣の「ふるさと創生」など、各政権において地域格差の是正を目途《もくと》とする政策が打ち出されました。

また、一九七〇年の過疎地域対策緊急措置法、一九七二年の工業再配置促進法といった法律のほか、税、財政、金融上の諸対策が講じられました。

しかし、その後も地方の衰退は止まることなく、少子高齢化と人口減少にも拍車がかかり、今日では集落と地方消滅が危惧《きぐ》される事態となっているのです。

農業離れは農村でも……

農村もまた、変わってしまいました。それを象徴するエピソードがあります。

一九八三年に食品流通局食料消費対策室長に就任した私は、「日本型食生活キャンペーン」に取り組みました。このキャンペーンについての詳細は後述しますが、端的にいえば和食と洋食をバランスよく摂取することを、消費者に呼びかけるものでした。

またキャンペーンと併せて、都会の児童を対象にした「農業体験教育プロジェクト」を立ち上げました。都会の子供たちに農業を体験してもらい、農業の大切さを理解してもらおうと考えたのです。

ところが事態はより深刻でした。農村を理解していないのは都会育ちの子供だけでなく、農村の子供も同様だったのです。

一九八三年十月から十二月までテレビ東京をキー局として全国ネットで農水省の広報番組「渡辺文雄の日本型食生活1983」が放送されました。俳優の渡辺文雄さんがレポーターを務める、日本の食文化を紹介する番組です。

放送が始まった直後に、渡辺さんに会う機会がありました。その際に農村の人と都会の人にある隔《へだ》たりについて話しました。私は「都会の子供たちが農業に触れる機会がなくなって困ったものですよね」と訴えたのです。

すると渡辺さんは「いや本田さん、都会の子供だけではない。農村の子供だって同じだよ」といい、以下の体験談を語ってくれました。

「北海道で天皇賞を受賞したジャガイモ農家に取材に行ったときに、そこの小学三年生の子供が卵を食べなくなったと話していました。理由を訊《たず》ねると、鶏が卵を産むところを見せたら、気持ちが悪いと食べなくなったというのです。それまでは、卵はパックに入っているから、工場で作っていると思っていたようです。天皇賞をもらうような農家の子供でもそういう状態なのです」

この話を聞いて、農村の子供たちもまた、大きく変貌してしまったことを痛感することになりました。そこで都会の子供だけでなく、農村の子供も対象に農業体験教室を開催することにしました。

農村と都会を結ぶ農業体験

それから農業体験教育に関連してもう一点語りたいことがあります。食に対する国民の意識の変化です。

国民の暮らしが豊かになるに従い、国民のあいだで食の安全性や健康に対する関心が高まりました。その高まりを反映するように、食品の規格・表示に対する国民の意識がものすごく高くなりました。これは農水省食品流通局の行政領域です。

例えば青果物《せいかぶつ》や加工食品の原産国表示です。一九九〇年代後半に話題になったのは遺伝子組み換え食品で、二〇〇一年にはこの表示の義務化が政策テーマとして重視されました。

また、安全な食品、健康に役立つ食品として有機農産物への関心が高まりました。するとまがい物の有機農産物が出回ってしまっては困るので、国が検査・認証制度を整えて、消費者が安心して買える仕組みをつくってほしいという要求が強まりました。食品について、国が適切な情報提供をしてくれ、お墨付きを与えてくれというわけです。

しかし、これは少し不思議な話です。当時は社会全体で自己責任や規制緩和が求められ、官主導から民主導に転換した時代でした。それなのに食べ物の世界では、公正中立な官が情報を提供しろ、という要求が溢《あふ》れたのです。世の中の動きに逆行するようでした。

こうなった理由は二つあると考えています。

一つは、食品の品質や安全性を見分ける知恵や技を持つ国民が減ってきたことです。「おばあちゃんの知恵」や「お袋の味」など、家族の暮らしを通じて伝承される仕組みが社会的になくなったことが原因でしょう。

もう一つは、「食べる」と「作る」の距離が遠くなったことです。農村社会から都市社会への転換のなかで、遮断された情報を官がきちんと提供しろということなのだと感じました。

これらについて官が相応の役割を果たさなければなりません。とはいえ、何から何まで手取り足取り指導はできないし、やるべきではないでしょう。食の技にしろ、情報にしろ、もっと国民自身が主体的行動や、学習活動を通して獲得していくべきで、行政はそのお手伝いをするべきなのです。

だから食の知恵や技については食の教育、村社会の情報については農業体験教育、この二つを合わせた食農教育を社会的教育システムとして取り組んでいく。そうしていかなければ、後世に禍根《かこん》を残すだろうと強く感じました。

食農教育のそうした地域との関わり、地域間交流といった広がりを展望しながら、作り上げていく。私は食品流通局に在籍する役人として、その手伝いをする思いで食農教育の推進に取り組んできました。

食農教育で地方は活性化する

一九八三年の秋に「毎日新聞」と連携して、茨城県の里美村《さとみむら》（現・常陸太田市里美地区《ひたちおおた》）で「芋掘りと焼きイモ作り」の親子体験ツアーを開催しました。

ただ、農業体験教育を行うにあたって教育関係者に協力を呼びかけた際に、体験教育中の事故の心配などから、消極的になっている印象を受けました。

そこで教育学者や小学校の先生、農業従事者や損害保険会社の関係者、そしてジャーナリストを招いて、「チビッ子研究会」を開催。農業体験教育のカリキュラムのほか、事故が起きた際の補償などについてもマニュアルを作成しました。

しかし、この取り組みは時期尚早だったのか、農業体験教育の重要性は理解してもらえても、社会的に環境が整備されていませんでした。そのため中途半端なかたちで終わってしまい、それがずっと心残りでした。

ところが昨今、文部科学省が「子どもたちの農業・農村体験学習推進事業」を推進しています。また、農山漁村文化協会は「食農教育」を率先して取り組むようになりました。一九八〇年代に比べると、世の中が成熟してきて、技術や知識を教え込むことだけが教育ではない、知・情・意・体を育《はぐく》む全人教育が必要だと考えるようになってきたのではないでしょうか。

特に教育に携《たずさ》わる人がこの点についてよく考えて、全人教育は農村や農業で行うべきだと認識したのだと思います。

また、子供だけでなく、仕事で忙しい日々を過ごしている大人も、心のバランスをとることが必要になり、自然の中のゆとりある生活を望む人が増えています。

食農教育を進めていくと、教育にとって思いもよらない副次的効果が出てくると考えています。東京大学名誉教授の木村尚三郎《しょうさぶろう》氏は、生前、「生きるということは命をいただいているのだと再認識することだ」と話していました。特に子供たちがそれを知ることが大事だと思うし、食農教育ではそれが可能なのです。

食農教育はもう一つよい影響をもたらします。地方活性化のきっかけになるのです。昔から地方の町村の中心になる人物といえば、お寺の和尚《おしょう》さんと本屋の店主と学校の校長先生でした。

活力ある町村は、必ず町村内の教育に関わっている人が町づくりの核になっています。学校で食農教育が行われると、学校内の教育だけではなく、地域内の問題に目を向けるきっかけになるでしょう。農畜産業の重要性、あるいは町村内の産業を疎《おろそ》かにすることの危険性に気がつくからです。

また、同じように食農教育を実施するほかの町村との交流も生まれます。

例えば福島県の西会津町《にしあいづまち》は、沖縄県宮古島《みやこじま》の平良市《ひらら》と交流を始めました。夏と冬に互いに行き来して、視察や意見交換をするようになったのです。定住人口ではなく、滞留人口も重要で、ほかの町村との関係を深めるだけでも、間違いなく活性化します。

それからグリーンツーリズムのような新しい農業のあり方もいいでしょう。グリーンツーリズムとは、農村などで自然や食事を楽しむ旅行のことです。

料理は写真で見るだけではなく、その場で食べなければ意味がない。つまり瞬間芸術です。地域の食材を使った郷土食を味わおうと思ったら、現地に行かなければなりません。だからこそ、地方の農村は農産物を出荷して売るだけではなく、農村に来てもらうことにも力を入れるべきでしょう。

北海道内で北海道の牛乳が飲めない

私は一九八五年四月から三年間、北海道庁農務部に出向しました。当時の北海道の人口は約五百六十万人（現在は約五百二十八万人）で、面積は約八百三十四万ヘクタールにも上ります。基幹産業は農林水産業で、日本の食料基地です。私は当時、知人や仕事仲間に北海道の広さを説明するときに、以下のように話していました。

「北海道の面積は東北六県と新潟県、あるいは四国と九州と山口県を足したほどです。外国と比較すると、オランダやベルギー、デンマーク（本土）の二倍で、オーストリアやポルトガルと同じ、人口もデンマーク（本土）と同じです」

日本は小さな島国だと誤解している人は少なくないですが、実際にはそんなことはないのです。この話に関連して指摘しておきたいのは、北海道の半分の面積しかないオランダとデンマークは、農畜産業大国だということ。オランダの農畜産物の輸出額はアメリカに次いで世界第二位だし、デンマークの主要輸出品は豚肉やハムやソーセージや乳製品なのです。両国の状況に鑑《かんが》みれば、北海道の食料供給力に大きな夢が持てることでしょう。

私が出向していた一九八〇年代半ばの北海道には、牛乳の需給緩和に対応して、牛乳の消費を増やすという大きな課題がありました。ホクレン農業協同組合連合会と北海道庁は、「ミルクランド北海道」のキャンペーンを展開して、消費拡大を訴えていたものです。

ただ、当時の北海道では、牛乳を北海道の魅力の一つとしてアピールするという意識が希薄でした。他県とは比べ物にならないほど美味しい牛乳があるのに、それをまったく活かしていなかったのです。

一九八五年、農水省生活改善課長（当時）の吉田佐枝子氏が、北海道出張の折に道庁にいる私に会いに来てくれました。私はお茶の代わりに北海道産の冷たい牛乳を出しました。すると吉田氏は牛乳を美味しそうに飲みながら、以下のように話すのです。

「本田さん、三日ぶりに牛乳を飲みました。旅に出る楽しみは、非日常体験をすることです。北海道に来ることの楽しみの一つに、美味しい牛乳を飲むことがあります。ところがこの三日間、日高・十勝《とかち》地方のホテルや旅館では牛乳が飲めませんでした。また近くにはお店もなかったので、買うこともできませんでした。私は東京では毎日牛乳を飲んでいますが、北海道で飲めないというのはおかしなことですね」

この話は皮肉だったのだと思いますが、目から鱗《うろこ》が落ちる思いでした。

道内には農畜産業に対して好意的な意見が多く、道外に北海道産の牛乳に魅力を感じている人がいる以上、牛乳を売り出すべきだということは明白です。そこで道庁やホクレンの出先、農業改良普及センターなどに協力を依頼して、道内のホテルや旅館の朝食で、宿泊客に北海道産の牛乳を提供するよう働きかけました。

また、週刊誌「アサヒグラフ」(朝日新聞社)に、北海道の地図上に牛乳が飲めるホテルと旅館の情報を載せた見開きの広告を出しました。さらにその広告を複写して、全道の観光案内所に配布したのです。

現在、バイキング形式の朝食を提供する道内のホテルや旅館で、牛乳が飲めないところはありません。こうした取り組みが実ったのだと自負しています。

中標津町の景観を守った

北海道での仕事で印象に残っていることはほかにもあります。中標津町《なかしべつちょう》の景観を守ったことです。

北海道の広大な土地では、道央（石狩《いしかり》、空知《そらち》、上川《かみかわ》）の稲作、道東（十勝、網走《あばしり》）の畑作、道北（根室《ねむろ》、釧路《くしろ》、宗谷《そうや》）の酪農《らくのう》、道南（胆振《いぶり》、日高）の軽種馬生産《けいしゅば》という、四つの主要な農畜産業が営まれており、それぞれの地域に特有の景観が形成されています。

例えば「丘の町」で有名な旭川市近郊の美瑛町《びえいちょう》は、紫のラベンダーと白い馬鈴薯《ばれいしょ》の花、そして黄色の小麦によるパッチワークの丘の光景を楽しめます。二〇二〇年は新型コロナの影響で激減したものの、近年は年間約百七十万人もの観光客が美瑛町を訪れていました。

私も美瑛町の景観に魅了されて、道庁に勤務していたときはもちろん、その後も旅行でたびたび訪れています。

私が北海道にいた当時の美瑛町長の水上博氏や、北海道議会議員の竹内英順《ひでのぶ》氏、建設業を営む浜塚隆志氏や濁沼一三氏、牛乳販売店の土井国臣氏らとともに、美瑛町の町おこしについて熱く語り合ったことは、懐かしい思い出となっています。

それから中標津町を中心とする酪農地帯は、防風林帯に囲まれた牧草地が見渡す限り広がっており、開拓当時の景観が現在も残っているという、北海道でも稀有《けう》なエリアです。

このエリアの風景はまるでヨーロッパのようで、中標津空港に飛行機が降下していくときに、機内から地上を見ると、ドイツかデンマークに来たのではないかと錯覚します。そして中標津町の開陽台《かいようだい》展望台から雄大な自然を眺めると、地球は丸いということが実感できます。

私が北海道にいた当時、中標津空港のジェット化に向けた動きが進行していました。しかし、中標津町にコンクリート製の大きな空港ターミナルビルが建てられたら、たちまち景観が台無しになります。そこで私は地元選出の道議会議員、村田雄平氏を通して、関係町村長にターミナルビルを木造にするよう働きかけました。建設費用の問題など紆余曲折《うよきょくせつ》はありましたが、林野庁の補助金も活用して、一九九〇年に木造のターミナルビルが竣工《しゅんこう》、新たな中標津空港が開港したのです。中標津町の景観を守れたことは、私にとって大きな誇りとなっています。

このターミナルは三階建てで、不特定多数の人が集まる木造の公共建造物としては、日本で最初のものです。当時は世界的にも珍しいものでした。ターミナルを観光の目玉の一つとして、もう少し有効に活用して、町おこしにも活かすことができたのではないかと思っています。

余談になりますが、この施設は国の行政でいえば、運輸省（現・国土交通省）関係の所管となります。それでも林野庁の補助金を活用して整備しました。現在、霞が関の「縦割り」打破が内閣の重要課題とされていますが、中標津空港のターミナルは三十年も前にこの縦割りを打破したのだから、注目すべき実例だと考えています。

農業構造改善事業の功績

三年ぶりに東京に戻った一九八八年四月、私は構造改善事業課長に就任しました。役職が示すとおり、農業の構造を改善させる事業に取り組むことになったのです。この事業は一九六一年に制定された農業基本法に基づいて、農政を推進する中核的政策として、一九六二年に始まりました。以後二十五年、全国の各市町村で生産性の向上を目的に、農用地の基盤整備（区画整理と用排水施設の整備）や農産物の加工流通施設の整備、農業機械の導入などが行われてきました。

私が構造改善事業課長に就任したときは、農業をめぐる情勢の変化に対応するように、この事業を見直すことが求められていました。そこで役所がよくやる方法ですが、学識経験者、農業関係者や農業団体、食品の加工流通業者、地方自治体の職員、消費者、マスコミ関係者などの有識者の意見を聞くことにしました。議論の場として「新たな農業構造改善事業に関する研究会」を発足。同研究会では主に以下の三点について意見を交換しました。

・各市町村の事業実績と評価
・農畜産業を中心に地域経済が活発な市町村（元気な村）の条件
・新しい時代に求められる事業のあり方とそれを分かりやすく表すキャッチフレーズ

まず「各市町村の事業実績と評価」については、市町村別に事業実績と農業生産額を指標にして評価しました。具体的には、過去二十五年間の事業実績の上位百市町村を挙げて、その市町村の農業の生産額を対比しました。

すると積極的に事業を展開している市町村は、農業生産額も多いということが明らかになりました。ちなみに上位百市町村のなかには、北海道士幌町《しほろちょう》、宮城県登米町《とよままち》、石川県松任市《まつとう》、鳥取県東伯町《とうはくちょう》、香川県寒川町《さんがわちょう》など、農業が盛んなことで有名な市町村が多くありました。

各市町村の事業実績と評価を明らかにしたことで、農業構造改善事業が農業と農村の活性化に寄与すると確信することができました。

次に「農畜産業を中心に地域経済が活発な市町村（元気な村）の条件」ですが、研究会で検討する過程で、多くの市町村を訪れ、地方自治体の職員や農協、農家、経営者などの話を聞きました。

それから、研究会で議論を行い、元気な市町村、換言するなら地方を活性化させるには、三つの条件があると結論づけました。その条件は序章でも述べた「リーダーとその仲間たちがいる」「地域の条件を活かした長期計画がある」「地域外の応援団がいる」というものです。

「新しい時代に求められる事業のあり方とそれを分かりやすく表すキャッチフレーズ」について語ります。

私が構造改善事業課長に就任した一九八〇年代後半の日本は、バブル景気に沸いていました。日本企業はハワイのホテルやニューヨークのビルなどの不動産を買い漁《あさ》り、金融資産は世界一を誇っていたのです。

また、当時の日本では、コンピュータやケーブルテレビ（CATV）などの情報技術、あるいはバイオ技術が目覚ましい発展を遂げ、こうした最先端の技術によって農業や農村の状況が劇的に好転するのではないかといった期待感が高まっていました。

当時、情報通信を活用した町づくりを提唱していた工学博士の月尾嘉男《つきおよしお》氏（現・東京大学名誉教授）からは、「人口が少なく、集落が分散している農村ほど、情報インフラの整備が効果を発揮する。いまこそ農水省が整備に取り組むべきだ」というアドバイスを受けたことを覚えています。

時代状況や様々な議論を踏まえて、一九九〇年に農業農村活性化農業構造改善事業が本格的にスタートしました。事業のあり方として「なんでもできる構造改善」を掲げ、「みんなが住んでみたくなる農村づくり」と「農村地域の高密度情報化」を目標に定めました。

この事業によって市町村が劇的に変わったことはいくつもあります。その一つはCATVの普及で、全国の多くの市町村に導入されました。その成果として、私が体験した印象深い例を二つ挙げたいと思います。

一つ目は一九九五年一月十七日の阪神・淡路大震災が発生したときのこと。震災直後に私は農林水産政務次官（当時）の谷津義男《やつよしお》氏に随行するかたちで、神戸市と淡路島を訪問しました。

兵庫県五色町《ごしきちょう》（現・洲本市《すもとし》）では、対応してくれた地元の職員が「ＣＡＴＶが全戸に入っているので、この混乱のなかで震災後速やかに町民の安否確認ができました。こんなことで役に立つとは思っていませんでしたが、本当に助かりました」という話をされました。

二つ目は福島県西会津町です。同町はＣＡＴＶやテレワークステーションの整備にいち早く取り組みました。それとともに、高齢者の健康管理を行うなど、先進的な情報化の取り組みを続けてきました。当時、町長を務めていた山口博續《ひろつぐ》氏とは、生前親しい間柄だったこともあり、私はこの町に強い思い入れがあります。

新型コロナウイルスの感染拡大の影響で、小中学校が臨時休校となるなかで、西会津町では町のＣＡＴＶと家庭学習用ソフトが入ったタブレットを活用して児童・生徒の自宅学習を支援しました。このオンライン授業の試みが全国紙や地方紙で報道され、まさにいま求められている情報技術の実践例として注目されています。

農業農村活性化農業構造改善事業は、こうした町の発展に一役買うことができたのです。

「現代の松下村塾」を目指して

農業農村活性化農業構造改善事業を続けるうえで、一つ避けがたい弱点があるように感じていました。それは事業の計画段階と完了後で、地域の人々の熱気に差が生じるということです。どの町村でも、事業を始める前は熱気が溢れていても、終えると一気に冷めてしまうのです。しかし、事業完了後も継続的に投資した機械や施設を活用して、各町村が一丸となって活性化させる努力を続けなければなりません。

先にも述べましたが、元気な町の条件の一つは、リーダーとそれを支える仲間、要は人材が鍵となります。

そこで私は「21世紀村づくり塾運動」を発足しました。明治維新と日本の近代化が、松下村塾《しょうかそんじゅく》で吉田松陰《しょういん》から学んだ若者たちによって主導されたように、農業・農村の活性化を担《にな》う人材を育てる「現代の松下村塾」を全国の農村につくることが目的でした。

農業構造改善事業を実行して町村を活性化させるには、町づくりを担う人材を育成しなければなりません。生産性の高い機械の導入や、情報化、加工流通施設の整備などハードの事業を、人材育成のソフト事業と併せて行うということです。

「21世紀村づくり塾運動」と名づけたのは、副塾長を務めた農業経済学者で東京大学名誉教授の今村奈良臣《いまむらならおみ》氏です。「時代の変わり目には、人々をリードする人材がいることが一番大事だ」というのが氏の考えでした。これが「現代の松下村塾」という考えにつながっています。

また、「村づくり塾」を盛り上げるため、「21世紀村づくり塾100人委員会」を立ち上げました。

委員には農村側の人と都市側の人をそれぞれ五十人ずつ招きました。ちなみに農村側の委員は市町村長や農協組合長、農業法人の代表など、都市側の委員は「財団法人21世紀村づくり塾」に出資した企業の関係者、学者や医者、マスコミ関係者やタレント、作曲家や歌手などです。

「21世紀村づくり塾運動」は、都市と農村の交流、農業関係者と都市の企業関係者との交流を深めることによって、農村の各地域の人々が、自分たちの地域を担っていくという動きを盛んにすることが目的でした。

都市側の委員の一人に、「協同組合浅草おかみさん会」理事長の冨永照子《とみながてるこ》氏（現・一般社団法人ニッポンおかみさん会代表）がいます。氏は委員を務めたことをきっかけに、全国で町おこし・村おこしをテーマにした講演、地域特産品の開発の助言を行っています。

また、それぞれの地域特産品を浅草で販売するフェアを開催するなど、各地の町おこし・村おこしと浅草活性化を結びつける活動も続けています。

一方、農村側の委員では群馬県上野《うえの》村村長の黒澤丈夫氏、石川県松任《まっとう》市長の細川久米夫氏、北海道芽室《めむろ》町農協長の矢野征男氏、愛媛県宇和青果農協長の幸淵文雄氏、企業代表の委員では荏原《えばら》製作所の竹林征雄氏、大和《だいわ》ハウス工業の松本孝亮氏、ヤンマーディーゼルの町田幸夫氏（いずれも肩書は当時）らとは、その後も長くつき合いが続き、仕事を進めるうえでのアドバイスを受けてきました。

農業と企業の連携が村づくりの肝

地方に設立された「村づくり塾」と、各町村との交流活動を行うことも大きな目的でした。相互の情報交流と文化的刺激によって、人材育成に結びつくと考えたからです。そのため銀行、保険会社、商社、観光、広告、不動産や物流など、それまで農業界と縁の薄かった都市側の企業にも出資をお願いしました。

なぜ他業種に協力を呼びかけたのか、それには大きなきっかけがありました。

北海道在任中の仕事で思い出に残っているものの一つに「アイラブミルク党」があります。北海道に出向して四カ月ほど経ったころ、私と同じように単身赴任していた大手電機メーカーの支店長と会う機会がありました。その席で私は、牛乳を飲むと北海道の景気がよくなるという話をしたのです。

北海道は冷害になると景気が悪くなるといわれていました。冷害とは、米の生産額が一〇％以上落ち込むことをいいます。当時の北海道の米の生産額は二千二百億円だったので、一〇％は二百二十億円にあたります。

ところが酪農の生産額は年間三千五百億円でした。一九六五～一九八五年の二十年間の牛乳の生産量は、平均年率六％の伸びを続けていましたが、一九八五年度にはブレーキがかかり、前年と同じ生産に留める計画となりました。

しかし、もし一九八五年もそれまでどおり六％伸びていたら、生産は二百十億円増えていたはずなのです。

支店長にこういった話をしたところ、それは面白いと興味を示してくれました。そして月に一度、開催されている関連会社の社長会で、この話をする機会を与えてくれました。

この社長会のあと、この会社では「地域密着型営業展開」を掲げ、関連会社を挙げて牛乳を飲むことにしました。

当時、その電機メーカーの関連企業は道内に三十六社あり、従業員は二千五百人。家族を含めると一万人に上り、道民の五百六十分の一は同社の関係者になります。もちろん、すべての関係者が呼びかけに応じてくれたわけではないと思いますが、多少は牛乳の売上が伸びたことでしょう。

また私は、拓銀《たくぎん》総合研究所の研究者に「三・六・九のつく〝ミルクの日〟は一カ月に九回ありますが、これらの日に五百六十万人の道民が百ccずつ牛乳を飲んだら、北海道にどのような効果があるか、試算してもらいたいと依頼しました。すると、研究者からは、「二十八億円の有効需要が生まれる」という報告が届きました。

そこで札幌市のＪＣ（日本青年会議所）の会員に声をかけて、東京本社の電機メーカーが皆で牛乳を飲もうという運動を始めたことと、拓銀総合研究所の報告を話し、「北海道経済を活性化する若手経済人の運動――ミルクを飲んで北海道の景気を良くする会」（略称・アイラブミルク党）を立ち上げました。

会長には北海道教育大学教授（当時）の伊藤隆一氏が就任。会員はＪＣ関係者を中心に三十人ほどいましたが、農業関係者は一人もいませんでした。

同会では酪農乳業や牛乳乳製品に関するセミナー、ミルクパーティー、牧場見学など様々な活動を行い、道内のマスコミに大きく取り上げられました。

すでに述べたとおり、一九八〇年代の日本の都市部では、過保護農政に対する批判の声が多くありました。ところが北海道では、地元の経済界やマスコミから、地域経済を活性化させるためにも酪農や農業に頑張ってもらいたいという応援が寄せられていました。東京などの世論とは違うのだと認識して、非常に心強く感じたものです。

そして私が「21世紀村づくり塾運動」で他業種に出資をお願いしたのも、こうした事情があったからです。つまり農業問題を都市側の企業と一緒に考えていくべきだと考えました。

東京でも農業・農村の活性化のために国民的な運動として皆の知恵を集める。一つの自治体だけでなく、それ以外の地域の力も借りる。それが地方を活性化させることにつながるのです。

高い志を持つ市町村長が集まった

「21世紀村づくり塾100人委員会」で地方を活性化させる活動をしたことで、私にとって村づくりに携わることが生き甲斐《がい》になりました。

一九九四年には、当時衆議院議員を務めていた平沼赳夫《たけお》氏を通じて、氏の選挙区にある岡山県勝北町《しょうぼくちょう》（現・津山市）の町おこしの相談を受けました。

後述する日本型食生活キャンペーンを行って以来、「食生活と健康」について考えていたので、町の職員に野菜を特産品としてアピールしたらどうかと助言しました。するとその二年後の一九九六年、当時の勝北町長の河本舜三《こうもとしゅんぞう》氏が食品流通局長を務めていた私のもとに来て、「特産の野菜を全国で販売したい」というのです。そこで私は「健康によい野菜ということで、付加価値をつけて売るように工夫したらどうですか」と助言しました。

その後、河本氏が販売方法を考えていたところ、農業協同組合（農協）のある若い職員が以下のように提案してきました。

「『野菜をたくさん食べて、血液をサラサラにして健康になろう』というキャッチコピーを掲げて売り出すのはどうでしょうか」

それはよいアイデアだと思い、早速私はつながりのある全国の市町村長を集めて、勝北町で

「血液サラサラ運動サミット」を開催したのです。しかし、「血液サラサラ運動」という名称では、厚生省（現・厚生労働省）の仕事になってしまいます。そこで「ふるさといきいき村づくり運動」と名前を変え、キックオフイベントとして、福島県西会津町で町村長サミットを開催しました。

サミットは「健康」をテーマに町づくりを行う町村長の集まりで、各町村が持ち回りで開催しました。その点は毎年G7の国が集まり開催される主要国首脳会議と同じです。

サミットではそれぞれの町づくりの実践事例を報告するとともに、健康や福祉施設などの現地視察や交流会を行い、相互に知恵を出し合いました。

参加したのは先述した勝北町や西会津町のほか、香川県寒川町（現・さぬき市）、兵庫県五色町（現・洲本市）、群馬県上野村《うえの》、沖縄県大宜味村《おおぎみそん》、北海道鹿追町《しかおいちょう》などの町村です。最終的には三十もの町村が参加するようになりました。ところが二〇〇三～二〇〇五年に行われた市町村の廃置分合、いわゆる「平成の市町村合併」によって会員は減少。残念ながらサミットは十年ほどで活動停止となりました。

サミットに参加していたのは、小さな町村ばかりでした。そのため平成の市町村合併によって、各町村は健康をテーマにした活動を継続することが難しくなったと思います。これは市町村合併の負の側面だったのではないでしょうか。

しかし、私の町づくりに対するこだわりが薄れることはありませんでした。

二〇一四年九月、第二次安倍晋三改造内閣は、地方創生を打ち出しました。これは東京一極集中を是正して、地方の人口減少に歯止めをかける、そして日本全体の活力を高めることが目的です。

こうした政府の方針を受けて、「農林水産業活性化構想研究会」(活構研)が事務局となり、二〇一六年に新たに「地方創生市町村長協議会――創《い》き生きまちおこしサミット」を発足させました。これまで千葉県いすみ市、佐賀県鹿島《かしま》市、新潟県弥彦《やひこ》村で市町村長によるサミットを開催して、それぞれの市町村の取り組みや、相互に連携した事業の展開など、熱気溢れる議論を重ねています。

「和十洋」の理想的な食生活

次に本章冒頭でも述べた戦後日本の三つの特徴の一つである「②食生活の変化――洋風化と簡便化」に関して述べます。

戦後の日本は焼け跡のなか、飢餓との闘いからスタートしました。

一九四六年、食糧配給の遅配に怒った国民によって、「食糧メーデー」など「米よこせ運動」が全国に広がったように、国民が生きるための食べ物を求める深刻な時代でした。

食糧増産が当時の政府の最重要政策で、農地、農業協同組合、農業改良普及、土地改良などの諸制度の整備を行うとともに、肥料の増産、米の生産管理技術の改良、アメリカの余剰農産物の輸入など、食糧確保のためにあらゆる政策が実行されました。

私事《わたくしごと》になりますが、私の両親も米をつくっていました。一九五四年、肥料会社主催の米づくりの表彰事業で収穫量が全国三位となり、父親が喜んでいたことを覚えています。とにかく米をたくさんつくることが、当時の稲作農家の目標だったのです。

もともと「腹いっぱい白い飯を食べる」ことが日本人の夢だといわれてきました。田舎には次のような伝承が残っています。

「農家の老人が瀕死《ひんし》の床《とこ》についているとき、耳元で枡《ます》に入れた米を振ってサラサラという音を聞かせると生き返る」

それほど米は日本人にとって大切なものだったということです。

日本経済は復興を遂げて、一九五六年の経済白書では「もはや戦後ではない」と謳《うた》われました。一九六〇年に発足した池田勇人《はやと》内閣は、「所得倍増計画」によって高度経済成長をリードしました。GDPで西ドイツを抜いて世界第二位になったのは一九六八年のことです。

このような経済成長のもとで、国民所得水準も大幅に向上しました。

一九六二年には、日本人一人当たりの米の消費量が年間百十八・三キロと、戦後最高の記録を達成しました。白い飯を腹いっぱい食べられるようになったのです。

私は後述する日本型食生活のPRを担当して、医学や保険、衛生・栄養学など食と健康に関わる学識経験者と広くつき合ってきました。その一人に、女子栄養大学の学園長を務める香川芳子氏がいました。当時、香川氏は以下のような話をしてくれました。

「栄養士が食べすぎないようにと注意する砂糖、塩、油脂《ゆし》は、いずれも料理を美味しくするものなのです」

日本が豊かになった一九六〇年代以降の日本人の食生活は、米の消費が一九六二年の百十八・三キロをピークに年々減り続け、二〇一八年には五十三・五キロまで減少しました。

しかしその一方で、食肉や牛乳乳製品、油脂などの西洋風食品が増加しました。食肉の消費量は一九六〇年の三・五キロから二〇一三年には三十キロに、牛乳乳製品は一九八〇年の六十五・三キロから二〇一一年には八十八・六キロに増えています。

従来、日本では米を主食として野菜、大豆、魚、海藻《かいそう》を中心とした伝統的な食事（和食）を摂《と》ってきたわけですが、一九七〇年代後半には、その和食に加えて肉、牛乳乳製品、油脂など西洋風の食品をバランスよく摂取していました。

ただ、こうした日本人の食生活の変化には、よい点と悪い点がありました。

まずよい点は、日本人の体位の向上と平均寿命が伸びたこと。十三歳の中学生の平均身長は、一九五〇年には男子が百四十一・二センチ、女子が百四十二・五センチでした。それが一九七五年になると、男子が百五十六・一センチ、女子が百五十三・二センチと、いずれも十センチ以上も伸びました。

また、平均寿命も一九五〇年の時点で男性が五十八歳、女性が六十一・五歳だったのが、一九七五年には男性が七十一・七三歳、女性が七十六・八九歳に伸びています。

逆に悪い点は、過剰に摂取することで、癌《がん》や心臓病、糖尿病など食生活に起因する、いわゆる成人病（生活習慣病）が増加して、国民医療費が国家財政を圧迫する事態になったことです。

一九七七年、米上院栄養問題特別委員会から、「米国の食事目標」（マクガバン報告）が発表されました。この報告によれば、一九六〇年代のアメリカ国民一人当たりの医療費は世界一で、平均寿命は世界第二十六位でした。このままではアメリカの経済が破綻《はたん》するとして、世界中の学者を集めて、食事と健康に関する調査研究を行い、取りまとめています。

この報告の重要なポイントは以下の二点です。
・肉、卵、乳製品、砂糖などの摂取を控え、穀物中心の食事を取るよう提案していること
・当時の日本食を高く評価していること
日本人が長年熱望した米の自給を達成したのが一九六七年。そしてすでに述べたとおり、私が農林省に入省した翌一九六八年は節目の年で、米過剰問題が顕在化して、一九七〇年には米の生

産調整（減反政策）が始まりました。

それ以来、現在に至るまで米の需給調整と水田の過剰問題は、農政上の最重要課題であり続けています。

日本型食生活に対する誤解

一九八〇年、農水省より「80年代の農政の基本方向」が打ち出されました。ここで日本型食生活の健康上のよさを評価して、この食生活を定着させる必要性を提起しています。

ただ、この食生活は国民に誤解されていました。

先述したテレビ番組「渡辺文雄の日本型食生活１９８３」の放送時に、視聴者の意見や感想を求めたことがありました。すると以下のようなコメントが届いたのです。

「本当に日本古来の食生活っていいと思います」

「各テレビ局の料理番組のなかの肉を使っているものは、すべて真似てはならない不健康料理といえるでしょう」

「日本料理は大好きですので、朝昼の食卓は、煮物、漬物が中心で、必ず味噌汁を作っています」

以上のように、古来の伝統的な日本食が日本型食生活だと誤解している人が非常に多かったのです。

日本型食生活というネーミングが誤解を招いたのかもしれません。ただ、当時私たちが進めていた日本型食生活とは、古来の日本料理ではありません。先に述べたように、野菜、大豆、魚、海藻を中心とした和食に、肉、牛乳乳製品、油脂など西洋風の食品をバランスよく取る食生活のことです。

こうした「和食＋洋食」という日本独自の食生活は、タンパク質と脂質と炭水化物がバランスよく摂取できるため、健康面で優れています。だからこれを日本型食生活として、一九八三年から農水省が主導するかたちでキャンペーンを展開することになったのです。

当時の農水事務次官の松本作衛《さくえ》氏の指示で、このキャンペーンの担当組織として「食生活対策室」を設置することにしました。

しかし、食生活に関する行政の所管は厚生省（現・厚生労働省）です。そのため同省関係者から、「農林省が食生活と名のつく組織をつくるのは反対だ」と横槍《よこやり》が入ったとのことでした。結局、「食料消費対策室」という名称に変えて、農水省食品流通局に設置されました。

日本型食生活キャンペーンとは

日本型食生活キャンペーンについて説明します。

農水省では従来から牛乳、食肉、砂糖など個別の品目ごとに、それぞれの担当が消費拡大のためのＰＲ活動を行っていました。

食生活に関するキャンペーンを行うのは、完全に新しい試みでした。米を中心に、食べ物すべてをバランスよくＰＲするという、非常に難しいプロジェクトでした。

農水省で仕事をしていると、現場が身近にあり、生産から消費に至る全体の流れを考えるときに、どうしても川上である生産から発想しがちになるものです。かくいう私自身がそうでした。ところが日本型食生活キャンペーンは、日本人の食卓のあり方を問うものです。つまり消費者を対象にＰＲしなければなりませんでした。

そこで食料消費対策室にいた五人の室員で、川下《かわしも》から発想することを肝《きも》に銘《めい》じようと話し合いました。

細かい話になりますが、キャンペーンを実行するために「食材消費対策室関係資料」を作成することにしました。そこで消費サイドのデータを優先して、次に小売、卸《おろ》し、加工、農業生産の順に、川上を遡《さかのぼ》っていくかたちで編集しました。

このときの上司は渡辺文雄食品流通局長（故人、のちの栃木県知事）で、行政官として広報のセンスに長《た》けた人でした。渡辺氏は学生時代からの友人だった株式会社キッコーマン宣伝部長の吉田節夫《さだお》氏の名前を挙げ、「吉田さんのもとでＰＲのいろはを学んできなさい」とアドバイスをしてくれました。

キッコーマンは醤油を中心とする加工食品会社で、千葉県野田市にも本社があります。早速私は吉田氏に連絡を入れてアポイントメントを取ると、後日会いに行きました。

吉田氏はPRの基本を懇切丁寧に教えてくれましたが、主なポイントは以下の三点でした。

・明確なキャッチフレーズを作る
・情報提供を適切に繰り返す
・イベントを行い関心を高める

まず、キャッチフレーズについては、日本型食生活という言葉は新しいもので、イメージも新鮮だったので、これを前面に押し出してPRしました。

また、情報提供については、主なPRとして農水省の広報誌や関係団体の機関誌に記事を掲載したほか、新聞や雑誌の記者や編集者、医学や栄養学の研究者、広告代理店関係者たちと情報交換会を継続して行いました。

先述した広報番組「渡辺文雄の日本型食生活1983」もこの情報提供の一環でした。

イベントについても取り組むことにして、フジサンケイグループが一九八三年秋に東京の代々《よよ》木《ぎ》公園で開催した「国際スポーツフェア」に日本型食生活を解説するブースを出展しました。

ブースでは農畜水産業、食品産業、食料需給と日本型食生活に関するパネルを展示しました。また、日本型食生活に関するアンケートを実施しました。これは農水省がマスメディアや広告代理店の社員と共同で行った、消費者に対する初めてのＰＲ活動でした。

世界に広まる日本食

日本型食生活キャンペーンに携わっていて気になったことが二つありました。海外からの賓《ひん》客《きゃく》に対する歓迎会では、フランス料理でもてなすことと、世界の大国となった国は、言葉か食文化で人類の歴史に影響を与えているということでした。確かに世界の歴史を振り返ると、ローマとイギリスは言葉で、フランスと中国は食文化で世界に影響を与えました。

日本も経済大国になりました。とはいえ、日本語を世界に広めるのは難しいでしょう。ただ、和食は世界に広がる食文化になると思います。

個人的にもそれを確信する体験をしました。

一九八二年秋、私は米国務省のプロジェクトに参加、一カ月ほどアメリカ国内を見て回る機会がありました。通訳と二人で自由に過ごす、本当に贅沢《ぜいたく》な旅でした。

このときの訪米で食べ物に関する思い出が三つあります。

一つ目はシカゴのホテルで本格的なしゃぶしゃぶを食べたこと。二つ目はアイオワ州のある農家の大きな池がある庭で、バーベキューパーティーに参加したときのことです。牛肉の厚さと大きさに驚きましたが、パーティーで農家の次女が以下のように話してくれました。

「修学旅行で十八日間、フランスに行ったのですが、最も辛《つら》かったのは、ハンバーグが食べられなかったことです」

そしてこの旅で最も印象に残っている三つ目の思い出は、アメリカのどこに行っても、ロードサイドのドライブインや田舎町のレストランにも、キッコーマンの醤油があったことです。キッコーマンは一九五七年にアメリカで醤油の販売を始めて、一九七三年にはウィスコンシン州ウォルワースで工場を稼働させました。「テリヤキ」「テンプラ」「スキヤキ」などの日本食の人気が高まっているということは、訪米前から知っていました。しかし、これほどまでに「ソイソース」が広まっていたことは、大きな驚きでした。

こうした体験をしていたこともあり、日本食は世界に広まると確信していたのです。そこで日本型食生活キャンペーンを行うにあたり、各国の日本大使館やＪＥＴＲＯ（日本貿易振興機構）の出先などで、日本食の料理講習を行うことを提案しました。ただ、これは実現には至りませんでした。

それから十数年経った一九九五年の秋、水産庁漁政部《ぎょせい》長を務めていた私のもとに、ドイツから二百通ほどの手紙が届きました。手紙はどれもドイツで日本料理店を営む店主からのもので、その多くは以下のようなことが綴《つづ》られていました。

「正月のおせち料理用に日本の蒲鉾《かまぼこ》が必要なので、日本政府は早急にＥＵ衛生基準を適合させて、日本産水産食品の輸入が解禁されるように対処してほしい」

ＥＵは衛生基準を満たしていないことを理由に、日本産水産食品の輸入を全面的に禁止にしたのです。この問題は、厚生省が「対ＥＵ輸出水産食品の取扱い要領」を改正したことで、同年十二月にはＥＵによる輸入が解禁されました。

私が日本型食生活のＰＲを担った一九八三年から一九九五年までのあいだに、日本食は南北アメリカ、アジア、ヨーロッパなど地域的な広がりばかりではなく、「テリヤキ」「テンプラ」「スキヤキ」から寿司、うどん、蕎麦《そば》、ラーメン、おでんなど、質的にも目覚ましく変化していきました。

二〇一三年十二月、「和食：日本人の伝統的な食文化」がユネスコ無形文化遺産に登録されました。

その後も海外では「和食ブーム」が続いています。

ところが、日本の食生活は、昨今「食の簡便化」が進んでいます。一九五八年に日本でインスタントラーメンが発売され、一九六八年にはレトルトカレー、一九六八年にはカップヌードルが発売されました。

食料消費支出に占める外食と中食《なかしょく》（惣菜《そうざい》や調理食品）の割合を食の外部化率といいますが、一九七五年は二八％でした。それが二〇一七年には四四・一％と大きく増えており、近年は特に中食の割合が伸びている傾向があります。その証拠に冷凍食品の生産は、一九七五年の三十五・五万トンから、二〇一九年には百五十九・七万トンと、四・五倍に増加しています。

家庭で食事する内食でも、惣菜や冷凍食品、加工食品が増えており、子供たちにとって「お袋の味は〝お〟がなくなり〝袋の味〟になった」「包丁やまな板のない台所」といわれるようになったのは、一九九〇年代のことです。

コロナ禍では、家庭での食事の機会が増えたという人が多いでしょう。ところがスーパーやコンビニで売上が伸びた食品は、カップラーメンやおにぎり、惣菜だといいます。

また近年、住宅街では配食サービスの自動車やバイク、自転車が目につきます。

米の完全自給達成で過剰在庫を抑えるために

本章冒頭で述べた③「食料自給率の低下」に関する話題に進みます。

日本人のカロリーベースの食料自給率は、一九六五年度の時点で七三％でした。しかし、食生活の変化によって米の消費が激減、飼料や原料を海外に依存している畜産物や油脂、糖類などの消費が増えたことから低下する傾向が続き、二〇〇〇年度以降は四〇％程度の横ばいが続きました。そして二〇一八年度には三七％と、過去最低の自給率を記録しました。

すでに述べたとおり、一九六七年には念願だった米の完全自給が達成され、日本人は白い飯を腹いっぱい食べられるようになりました。ところが、一九六七年から三年連続で米の生産が一千四百万トン台の豊作となり、二百万トンの米は余剰になりました。加えて食糧管理制度のもとで米の在庫は七百万トンを超え、財政負担が深刻な事態になったのです。

一九七〇年には米の過剰在庫の解消と需給の均衡を図るため、生産調整対策が本格的に開始されました。以来、この政策は米の作付《さくつけ》面積を減らすことを主な目的として、目標面積と実施方法を見直しつつ実施されてきましたが、一九七八年に水田利用再編対策が十カ年の長期政策として打ち出されました。

食料自給率向上の鍵は、水田の稼働率をいかに上げるかにかかっています。米の需要が減少を続けているため、日本の水田は主食用の米の生産のためには全体の五割あまりの作付で十分です。したがって、この水田をフルに活用して自給率を上げるためには、現在大量に輸入している、つまり自給率が低い麦、大豆、飼料作物の生産を拡大する必要があります。

そこで、この対策では、食料自給率の強化を考慮して、米からこれら自給率の低い作物への転作に重点が置かれるようになり、水田農業の方向性は従来の減反から転作にシフトしました。

米の粉食化が自給率向上の切り札

私は日本型食生活キャンペーンを担当して以来、米の需要動向と消費拡大に常に関心を寄せてきました。

当時、農水省と農業団体は、巨額の費用を投じて米の消費拡大に取り組んでいました。一九八四年夏には、福岡県農政部長に出向している先輩から電話があり、以下のような相談を受けました。

「近年の米消費に関するセミナーに評論家の竹村健一氏を呼んで講演してもらったが、評判が悪かった。君にはいろいろな知り合いがいるそうだが、誰かいい講師はいないだろうか?」

そこで私は医学的見地から米のよさを研究している東京大学医学部助教授(当時)の豊川裕之《とよかわひろゆき》氏がいいのではないかと考え、先輩に紹介しました。あとで関係者から聞いた話では、豊川氏の講演は好評だったといいます。また、豊川氏からもお礼の電話をいただいたと記憶しています。

「米という優れた商品を売ろう」と関係者が協力して、長年にわたって努力しているのに売れないのは、何かやり方に間違いがあるのではないか、といつも考えていました。

一九八五年夏、米粉《こめこ》・玄米粉の専門メーカー、シガリオの創業者、豊蔵康博《とよくらやすひろ》氏と会う機会がありました。この出会いは私にとって画期的なものでした。

初対面の折、豊蔵氏は以下のような話を熱く語ってくれました。

「米の消費拡大の切り札は、米の粉食化を進めることだ」

「米はデンプンの特性から小麦と同様にパンやパスタ、うどん、菓子などに加工することが難しいが、私の開発した技術によって製粉した米粉を使えば、小麦粉に負けない米粉加工品ができる」

この話を聞いて、米の粉食化もまた私のライフワークになりました。

豊蔵氏とは北海道士別《しべつ》市で農協婦人部や市内のパン屋、ケーキ屋などの協力のもと、米粉（シガリオのリブレフラワー）を利用した加工品の開発を行いました。

そうして一九八六年には、士別市と深川《ふかがわ》市でリブレフラワー入りのパンが学校給食に導入されました。現在、士別市、深川市、東川町《ひがしかわちょう》は北海道における米粉加工品活用の中心地になっています。

多機能微細米粉の技術で米の粉食化に成功

米の粉食化のリーダーとして先駆的な役割を果たしてきた高橋仙一郎氏との出会いは、一九八九年のことでした。

当時、すでに全国で町おこしや地域の活性化が叫ばれており、盛んに農村部の振興策が打ち出されていました。

高橋氏は地域振興コンサルタントとして、いくつかの市町村の活性化を地域内の人とともに続けていました。

その活動の一つに、新潟県三和村《さんわ》（現・上越市《じょうえつ》）振興計画事業がありました。米をテーマにした活性化策「米《マイ》パラダイス構想」を提案するため、その関連資料や情報を集めていたとき、新潟県の食品研究所（現・新潟県農業総合研究所食品研究センター）の「多機能微細米粉の技術」が実用化段階に入ったという情報を入手したそうです。

一九九七年末に高橋氏から「新潟県の食品研究センターが米の新しい製粉技術を開発した」という話を聞き、私は「これは天の啓示《けいじ》だ。この技術を活用した米の製粉工場ができれば、米の粉食化の起爆剤となり得る」と心躍る思いでした。

そこで当時の新潟県黒川村の村長、伊藤孝二郎氏に相談しました。

伊藤氏は三十一歳で黒川村長選挙に当選して以来、十二期四十八年にわたって村長を務めました。

あるとき氏は少し誇らしげに、以下のようにいうのです。

「本田さん、日本の地方財政制度は変ですね。村の活性化に一所懸命努力して、過疎化を防止すると、過疎対策の優遇対象から外される。ご褒美がもらえるのではなくて、罰せられるみたいなんですよ」

黒川村は新潟県北部の福島県との県境にあり、周辺の市町村が過疎化するなかで、伊藤氏の村長在任中には、村の人口が増加傾向にありました。村のために政策を実行して、それが実を結ぶと、国が面倒を見なくなることに対して皮肉をいっていたのです。

伊藤氏は　強力なリーダーシップのもと、村主導であらゆる事業を行いました。観光事業による雇用の拡大と農業の活性化を実現させるなど、大きな功績を残した村長です。私が最も尊敬する村長でした。

私は伊藤氏に「新潟県が新しい米の製粉技術を開発しました。この技術を活用して、製粉工場をつくるのは日本一の米どころ新潟県の黒川村しかない」とお願いしました。伊藤氏は「株式会社黒川村」とも称された黒川村長を務めていた方なので、米の製粉工場には、経営的に危惧される点があったようですが、最終的には承諾してくれ、一九九八年七月に新潟製粉を設立。その後、製粉工場が竣工しました。こうして米粉の普及は加速したのです。

二〇二〇年十一月、高橋仙一郎氏と久しぶりに新潟県北部の胎内《たいない》市にある新潟製粉の本社および第二工場を訪れました。旧知の藤井義文常務取締役と二十年ぶりに会い、会社の現状と工場についてレクチャーを受けました。

生産規模は一万トンと、設立当初の五倍に増大しており、取引先も敷島《しきしま》製パン、山崎《やまざき》製パン、日清《にっしん》製粉など大手企業を含め、大幅に拡大しているとのことでした。

その後、旧黒川村の新潟製粉本社工場にも向かいました。この工場のキーパーソンであり、黒川村長を務めた故伊藤孝二郎氏の銅像に対面して、米粉普及への貢献にお礼をしました。ちなみにこの銅像は、伊藤氏が開発した胎内リゾート内にあります。

故伊藤孝二郎氏の銅像の前で記念撮影。左から高橋仙一郎氏、筆者、田村重信氏

米の粉食化はいまも苦戦していますが、高橋氏をはじめ、多くの関係者の努力で、小麦に勝るとも劣らない米粉加工品が次々と開発されています。

残りの課題は、原料米価格のコスト競争力ですが、これも全国各地で展開されている先進的な稲作経営の動きを見れば、必ずしも悲観したものではないと思います。

「ヤッカイドウ米」といわれた北海道の米

先述しましたが、一九八五年に私は北海道庁農務部に出向しました。当時は水田利用再編対策の十カ年計画が終わりに差し掛かっており、次の対策が検討されていました。

水田利用再編対策では、北海道に対して全国最大の転作面積が配分されており、その転作率は四割近く、道内の農業関係者にとって、この傾斜配分の是正を実現させることは悲願でした。

ちなみに北海道に転作が傾斜配分された理由は以下の二点です。

①一九七〇年度からの対策で大幅に割り当て目標面積を超えた実績があったこと

②北海道米は食味が劣ることから、ほとんどが政府米として買い上げられていたこと（政府米頼りで自主流通米がなかった）

米の消費量が減少するなかで、品種改良や稲作技術の進歩によって、水田の単位面積あたりの収穫量が増加していたことから、米の過剰基調が強まっていました。つまり米の生産は量から質へ、生産地は美味しい米づくりを競い合う時代になったのです。

ところが北海道米は、「ヤッカイドウ米」や「鳥（猫）またぎ」などと揶揄《やゆ》されていました。私も北海道に出向中に、道外の人から北海道米の味で冷やかされた思い出がいくつもあります。

一九八四年、北海道立農業試験場は、良食味で耐冷性の品種として「ゆきひかり」を育成しました。翌年秋には東京で業界関係者やマスコミを呼んで、「ゆきひかり」の新米の試食会を開催しました。

また、「北海道に美味しい米ができました」と、PR用の二百グラム入りの小袋を農水省内で配布しました。すると二人から「あんた、よほど不味《まず》い米を食べているのだな！」といわれたのです。二人は北海道に縁がある人で、相も変わらず北海道の米は不味いといいたかったのでしょう。

さらに同時期、北海道に視察に来た大蔵省の主計官と「ホテルアルファ札幌」（現・ホテルオークラ札幌）のレストランで朝食を取っていたら、「本田さん、やっぱりご飯が不味いね」といわれたこともありました。

当時、道内の米消費で道産米の割合は五割程度でした。一流ホテルのレストランなのに、朝食用の米くらい良食味米を使えば、北海道米が不味いといわれることはないだろうと、北海道を愛する人間として、非常に残念に思ったのでした。

北海道の米づくりから学んだこと

農水省で水田利用再編対策の次の対策が検討される過程で、北海道庁、北海道議会、北海道農協中央会、ホクレンなど北海道の農業関係者は、「安くておいしい米づくり」を合言葉に、北海道への転作の傾斜配分の是正に一丸となって取り組みました。

一九八六年十一月、次の対策となる水田農業確立対策が決定すると、一九八七年度から三年間の転作の面積に対する目標が発表されました。

北海道への配分について、北海道庁で酪農畜産課長や農政部長などを歴任して、のちに北海道副知事を務める麻田《あさだ》信二氏は、著書『北海道農業と食の安全安心』（中西出版）で以下のように振り返っています。

〈農業団体や道議会などの多くの関係者から予想を下回る面積と受け止められた〉

北海道ではその後も「安くて美味しい米づくり」の努力が続けられ、一九八九年以降に「きらら３９７」「ほしのゆめ」「ななつぼし」などの優良品種が生まれました。

近年、北海道の米の作付面積は十万ヘクタールほどで、転作率は五割を超えていますが、それでも生産量は新潟県に次いで第二位です。

食味においても北海道農業試験場が生んだ「ななつぼし」「ふっくりんこ」「ゆめぴりか」の三

銘柄が、日本穀物検定協会の食味ランクで、最高の「特A」に登録されるまでになりました。いまや北海道は日本を代表する米どころになったのです。

近年の北海道では、日本で自給率の低い作物の作付面積が大幅に増大しています。例えば二〇一八年の作付面積を二〇一二年と対比すると、小麦が十二万一千四百ヘクタール（一一七・六%）、大豆が四万百ヘクタール（二四七・五%）、蕎麦が二万四千四百ヘクタール（二二八・〇%）、サイレージ用とうもろこし五万五千五百ヘクタール（一六七・七%）となっており、こうした傾向がさらに拡大、定着していけば、食料自給率の向上に寄与できるのではないかと期待しています。

第2章

農林水産業をリードする活構研会員

農林水産業の振興と農山漁村の活性化を目的に、二〇一二年に立ち上げたのが活構研です。会員は当初十社ほどでしたが、その後年々増加し、現在は三十社に上ります。その大半は農業や水産関係の企業ですが、それ以外の企業も少なくありません。ただ、そのすべての企業が仕事を通じて地方を活性化させたいという、同じ志《こころざし》を持って活動しています。

また、活構研は地方創生市町村長協議会の事務局を担《にな》っています。同協議会には岩手県軽米町《かるまいまち》、千葉県いすみ市、長野県朝日《あさひ》村、長野県根羽《ねば》村、新潟県弥彦《やひこ》村、岐阜県白川《しらかわ》村、和歌山県高野町《こうやちょう》、島根県海士町《あまちょう》、徳島県上勝町《かみかつちょう》、高知県檮原町《ゆすはらちょう》、佐賀県鹿島《かしま》市、福島県西会津町《にしあいづまち》の十二の市町村が参加しています。

私は農林省に入省してから五十年以上にわたって農業に携《たずさ》わってきました。その間、安い輸入農産物が増えるなど、日本の農業はずっと逆風にさらされてきたといえます。

しかし、私は未来をまったく悲観していません。

二〇一六年に署名したTPPは二〇一八年から効力が発生しました。また、同年締結した日EU経済連携協定も、翌年から効力が発生しています。これによって日本の農業を保護するのではなく、国際社会で勝負させるという時代に変わりました。換言するなら、日本の農政は初めて攻める姿勢に変わったのです。

二〇二〇年の新型コロナウイルスの感染拡大で、国民はこぞってマスクやアルコール洗浄液などの消毒用品などを購入しました。全国の薬局やスーパーで在庫切れになったことは記憶に新しいのではないしょうか。このとき多くの日本人が、外国に依存するのは危険だということに気がつきました。これらの商品の生産を中国などの国に任せきりだったからです。

マスクや消毒用品ですら、大きな社会問題になりました。しかし、食糧を輸入に依存している状況で、有事のときにスーパーから食品が消えたら大変なことになります。だからこそ、自国で農産物をつくることが重要なのです。

こうした時代に活構研が大きな存在意義を見出《みいだ》せると考えています。会員のなかには、農業や水産業で地方を盛り上げようと邁進《まいしん》する企業があります。あるいは農業の可能性に魅力を感じ、勤めていた会社を辞めて、農業の世界に飛び込んできた若者もいます。

このような例はほかにもあります。そこで本章では、活構研に参加するなかから七つの企業をピックアップして紹介。具体的にどんな事業を行い、地方創生にどう貢献しているのか。また、新型コロナウイルスの感染拡大による社会的混乱が続くなか、未来をどう見据《みす》えているのか。各社の代表者の話を交えながら、それぞれの取り組みを紹介すると同時に、地方創生のヒントを明らかにしたいと思います。

① 有限会社瑞穂農場／代表取締役会長・下山好夫氏

親の手伝いから農畜産業を学ぶ

まずは畜産業として日本一の規模を誇る農業生産法人・有限会社瑞穂《みずほ》農場です。同社は酪農《らくのう》経営と、繁殖から肥育まで一貫した肉牛経営を営んでいます。創業者は下山好夫氏で、現在は同社で代表取締役会長を務めています。

さて、いかにして瑞穂農場という、巨大な牧場を有する会社が誕生したのでしょうか。

下山氏は一九四三年に埼玉県児玉《こだま》郡美里《みさと》村（現・美里町）で、十人兄弟の六番目の子供として生まれました。物心がついたころから農業を営んでいた両親の手伝いをするようになったといいます。

一九四七年の農地改革で、国に所有地を安い価格で買収されたことで、下山氏の両親は残った土地で農業を営むことになりました。ただ、縮小した農地で米や野菜を育てるだけではたいした稼ぎにならず、十人の子供たちに満足な食事を与えることもできなかったそうです。そこで両親はヤギを飼い始めた。ヤギは粗食で雑草を食べるので、餌代がほとんどかかりません。そのヤギのミルクを飲めば栄養が取れます。ヤギは貧しい家庭を支えてくれる存在だったのです。

その後、父親が家畜商をはじめ、次に牛や馬の飼育も始めました。下山氏は以下のように語ります。

「作物を育て、家畜の面倒を見るようになると、やがて兄弟に指示をするようになりました。農作業が楽しくて、学校にもあまり行かなくなった。農作業が性《しょう》に合っていたのでしょう。当時はまだ耕運機が普及していなかったので、牛や馬を使って農地を耕していました。毎日、家畜の世話をすることになり、私は飼育を学ぶことができました」

一九五九年に中学を卒業した下山氏は、職を求めてすぐに上京しました。当時の農村では、義務教育を終えると家を出て、住み込みの仕事をするのが一般的でした。これを「口減らし」といいます。それほど貧しい農家が多かったのです。

氏は東京・三ノ輪に住んでいた知人を頼って上京しました。当時の東京について以下のように振り返ります。

「荒川や隅田川《すみだがわ》沿いには、酪農を営む農家がたくさんありました。河川敷《かせんしき》に生えている草が餌になるし、近くの浅草や上野、銀座に行けば飲食店の残飯を分けてもらえる。そうして育てた牛のミルクを売って稼ぐことができた。だから川沿いに酪農家が多くいたのです」

下山氏は知人の紹介で、浅草の肉の卸《おろし》業者に住み込みで働くことになりました。仕入れた牛や豚、馬などを三河島《みかわしま》の食肉処理場に運び、費用を払って処理を依頼。氏も一緒に捌《さば》いて、肉屋や卸業者に売るのが主な業務でした。ちなみに当時、牛肉は赤牛ばかりで、役牛《えきぎゅう》の廃牛を食肉にしていました。肉牛を育てるのはまだ一般的ではなかったのです。

卸業者の会長は下山氏が働き始めたころにはすでに高齢でしたが、社長だった会長の息子が仕事にあまり興味がなかった。だから下山氏はすぐに会長のサポートをするようになったといいます。そして会長のもとで経営を学んだのです。

子供時代から農畜産業の基本的な知識を身につけ、就職してからすぐに経営を学ぶことができた。これが氏の礎《いしずえ》となったのです。

二十歳で独立して一気に飛躍

下山氏が他の労働者と違うのは、就職した時点ですでに独立を考えていたことです。上京から五年後の一九六四年の春に独立、下山氏の個人商店を立ち上げました。二年後には肉の卸業者である下山畜産株式会社に発展します。

独立直後の状況を下山氏は以下のように語ります。

「当時の三ノ輪付近には、戦争で焼け残ったバラック小屋がたくさんありました。私は七坪の小屋を安く借りて、事務所兼自宅にしました。それから自動車を買い、冷蔵倉庫を業者につくらせ、卸業を始めたのです」

独立した段階で顧客は一人もいなかったそうですが、地方から廃牛を仕入れると、食肉処理場で捌いて売り歩いていました。それだけでは満足な利益が出なかったため、毎日五軒の肉屋や飲食店に飛び込みで営業をして、少しずつ顧客を増やしていったといいます。

そうして独立から八カ月後の十二月には、三人の従業員を雇うようになりました。その間に三百八十頭もの牛を売ったのだそうです。

卸業者は牛を仕入れなければ仕事になりません。要は人脈がものをいいます。では、下山氏はどういう人脈があったのでしょうか。

「私の場合は父や兄が故郷・美里村で家畜商を営んでいたため、牛をどんどん仕入れることができました。どの農家にも牛がいたので、廃牛を見つけることは難しくありませんでした」

さらに一年後の一九六五年十二月には、足立区谷在家《やざいけ》に百三十五坪の土地を買い、処理加工場兼事務所を建てました。現在も下山畜産の本社はその近くにあります。

独立から二年足らずで、現在の価値に換算すると一億円以上の売上を計上したといいます。独立から一気に飛躍したのです。

ところが一九六七～八年ごろになると、東京近郊の農家に耕運機が普及するようになり、廃牛がいなくなった。同時に牛の価格が上昇しました。

これは独立後に直面した最初の危機でした。こうした状況でほかの卸業者が倒産するなか、下山氏を救ったのはやはり人脈でした。独立してから開拓した人脈をフルに活用して、何とか牛を仕入れ続けたのです。

また、氏は独立して四～五年後に牛の飼育を始めていました。群馬で四カ所の土地を借りて、それぞれ三十～四十頭の牛を飼育するようになっていたのです。牛の世話は地元の農家に依頼したといいます。こうした取り組みもまた、危機から脱却する大きな要因になりました。

川下の小売から川上の肥育へ

下山氏は卸業だけでなく、畜産業の川下《かわしも》にあたる小売業も始めました。小売を始めたのは独立して二年後のこと。顧客だったスーパーからの誘いで、店内で肉屋を経営するようになったのです。それも一気に三店舗も開いたといいます。

また、二十六歳のときにはハムなどの加工業も始めました。ただ、大手食品メーカーが工場に最新の機械を導入するようになり、生産量で太刀打《たちう》ちできなくなりました。そこで氏は販売や加工には見切りをつけ、今度は畜産業の川上にあたる牛の肥育に本腰を入れることにしたのです。

すでに述べたとおり、下山氏はすでに牛の肥育事業を始めていました。子供のころから家畜の世話をしていたため、牛のことなら誰にも負けないという自信があったそうです。

そこで下山畜産の社長の座を弟に譲り、氏は牧場経営に専念することになりました。四十二歳のころに常陸大宮に二百三十五ヘクタールもの土地を買い、本格的に牧場経営を始めたのです。

こうして一九八四年に瑞穂農場の前身となる有限会社茨城経済肉牛公社が誕生しました。

なぜ巨大グループ農場が実現したか

損をする商売をしない、それが下山氏のポリシーです。卸業者で働いていたときに、社長から経営

瑞穂農場では和牛繁殖用の肉牛を除き1万2960頭もの肉牛を飼育している

を学びました。毎日、仕入れた牛を捌いて売るという仕事を続け、現金のやりとりをするうちに、このようなポリシーを抱くようになりました。

このポリシーのもと、下山氏は経営的にも技術的にも様々なアイデアを出して、それを売上に結びつけています。経営するうえで最も重視しているのは、農場も各部門も必ず黒字にするということだといいます。

ひとくちに牧場といっても、巨大牧場である瑞穂農場では様々な部門に分かれています。肉牛部門には子牛を育成する哺育《ほいく》部門、離乳してから十カ月齢まで育てる育成部門、肉牛としてつくり上げる肥育部門などがあり、それぞれの部門に専門家がいるのです。

また、生乳を生産する酪農部門、堆肥《たいひ》を生産・販売する堆肥部門、牛舎の屋根を利用して

酪農では1万5035頭の牛を飼育。1頭から出る糞尿の量は人間70人分に上る

ソーラー発電を手がけるソーラー部門、牧草やとうもろこしの栽培を行い、飼料を生産する飼料コントラクター部門などもあります。

これらの部門は、利益を出すために互いに支え合っています。

例えば肥育部門や酪農部門から糞尿《ふんにょう》が出ると、堆肥部門が引き取ります。堆肥部門は本社と支店や分場を含めて百二十八ヘクタールの農場で出た糞尿を肥料にすると、四十リットルの袋に詰めて、年間八十三万袋もの量を生産しています。これは社内に各部門を設置して、畜産を網羅しているからこそ可能なことです。

ちなみに瑞穂農場は本社がある茨城県常陸大宮《ひたちおおみや》市の農場のほか、支店として栃木県那須塩原《なすしおばら》市の那須支店、山形県上山《かみのやま》市の山形支店、北海道野付《のつけ》郡の別海《べつかい》支店、茨城県笠間《かさま》市の笠間分場、茨城県水戸《みと》市の鯉淵《こいぶち》分場という農場があります。また、茨城県笠間市には関連会社の笠間瑞穂株式会社、そして栃木県那須郡には飼料の生産と太陽光発電を行う芦野《あしの》分場、埼玉県加須《かぞ》市にも飼料の生産と太陽光発電を行う加須農場があります。

グループ全体の農場の総敷地面積（社有地）は六百二十八ヘクタール（草地面積は七百十四ヘクタール）で、その広大な農場で扱う牛の数は、酪農が一万五千三十五頭、和牛繁殖が五百五十六頭、肉牛が一万二千九百六十頭（和牛繁殖用の肉牛を除く）にも上ります（二〇二〇年十二月末現在）。

また、グループ全体の出荷量は、二〇二〇年一～十二月末のデータで肉牛は六千二百十頭、子牛が七千百八十四頭、生乳出荷量が十二万四千二百九十四トンにも上り、売上は二百八十億円を超えています。瑞穂農場がいかに大きな規模を誇っているかが分かります。

糞尿処理能力が農場の巨大化を実現

畜産業において最も大変なのは、糞尿の処理です。瑞穂農場では、堆肥部門が牛の糞尿を処理して堆肥にしています。瑞穂農場が堆肥を生産するようになったのは、いまから三十年も前のこ

最新鋭の機械で大量の糞尿を堆肥化している

とです。ただ、約二万八千五百頭の牛の糞尿となると膨大な量になります。
特に酪農は大変です。一頭のホルスタインが出す糞尿は人間七十人分と同等です。仮に百頭の牛を飼育していたら、人間七千人分の糞尿を処理しなくてはなりません。
余談になりますが、養豚も牛ほどではないとはいえ、やはり大変で、一頭の豚が出す糞尿は人間十人分になります。大きな養豚場は一万〜二万頭も飼育しています。つまり十万〜二十万人分の下水処理をしなくてはなりません。当然、コストもかかります。しかし、それをうまく堆肥にすると資源になります。肥料の代わりになるわけです。
だから糞尿を処理するために最新鋭の機械を導入しているのです。大規模な糞尿処理システテムを下山氏が自ら工夫して、必要な機械はメーカーと一緒に開発しました。

牛糞から作る堆肥の品質にとことんこだわり、臭いもほとんどないのが特徴です。

糞尿問題は畜産業にとって経営上の困難な課題ですが、瑞穂農場の方法は参考にすべき実践例といえるでしょう。

また、瑞穂農場の飼料コントラクター部は、各農場の堆肥を利用して、周辺の畑でデントコーンや牧草など、自給飼料の生産をしています。その飼料を各農場に運び、農場で消費することで、循環型農業を確立しているのです。地元農家に堆肥を提供して飼料を生産してもらうこともあり、地域の活性化にもつながっています。

瑞穂農場では酪農と肉牛（繁殖・肥育）の複合経営を大規模に行っていますが、コンピュータなど最新の情報技術も様々な部門で活用されています。例えば雌牛の発情や乳牛の搾乳量の動きなど、経営の根幹に関わるデータが得られます。もちろん、「生き物」を対象にしているので、人の目で見ることが大切ですが、最新の技術を使って、温度など畜舎の環境を改善しています。

また、労働集約的で手間のかかる繁殖部門についても、発情をコンピュータシステムを使ってチェックしたり、授乳にロボットを導入して、ほかの牧場と比べて多くの牛を少人数で管理する方法を開発しています。

瑞穂農場の規模拡大が可能になった大きな理由の一つは、以上のような最新の機械を導入している点にあります。

ピンチをチャンスに変える

下山氏はこれまで必ずピンチをチャンスに変えてきました。酪農業や畜産業の歴史を振り返ると、一九九一年の牛肉の輸入自由化、二〇〇〇年代のＢＳＥ（牛海綿状脳症《うしかいめんじょうのうしょう》）問題、二〇一一年の東日本大震災など、過去に何度も危機がありました。しかし下山氏は、こうした危機に直面するたびに、必ず会社を大きくしてきました。

牛肉の輸入が自由化されたときには、大きな危機感を抱いたといいます。子牛は最低でも三十三万円と価格が保証されているので、農家は安く仕入れて育てれば、その差額で儲けが出ます。ところが輸入が自由化されると、農家の収益は四～五割も下がりました。食肉処理料を払うと採算が合わなくなりました。それが社会問題になって、今度は肉用牛肥育経営安定交付金制度（牛マルキン）ができました。農家の牛一頭当たりの平均粗収益が平均生産費を下回った場合に、その差額の九割を交付金として支給して援助する制度です。

輸入の自由化で買い手がいなくなると、牛の価格は下落します。そこで下山氏は大宮食肉市場などに行って大量の牛の枝肉《えだにく》を購入しました。売れ残った安い牛肉を安く仕入れ、それを売れば儲かると考えたからです。

本社には太陽光パネルを設置している。グループ全体の売電量は年間17.5メガワット

また、部分肉に解体した肉を冷凍しておくように、社員に指示を出しました。部分肉は冷凍保存をすれば一～二年はもつため、少しずつ売っていったのです。

そうして他の業者の売上が伸び悩むなか、下山畜産は大儲けをすることができました。まさにピンチをチャンスに変えたのです。

また、二〇〇〇年代のＢＳＥ問題に直面したときは、多くの国民が牛肉を食べなくなり、焼肉屋などに人が入らなくなりました。その結果、畜産業界は大きな打撃を受けたのです。

このときは子牛の値段が下落しました。買い手がいなくなったのですから当然です。そんななか、下山氏は安くなった牛を買い漁《あさ》りました。チャンスと捉《とら》えたのです。そうしてＢＳＥ問題が落ち着くと、一気に売上を伸ばしました。

東日本大震災では津波による福島第一原発の事故を受けて、瑞穂農場は太陽光発電を導入しました。発電容量は十八・九メガワット（売電量は年間十七・五メガワット、自家消費一・四メガワット）、売上は五・一億円に上ります。いまでは瑞穂農場グループの大きな事業部門の一つになっています。

夏になると牛舎の屋根に日光が当たり、牛舎のなかは暑くなります。しかし、屋根に太陽光パネルを敷き詰めれば光を吸収してエネルギーになります。また、ガルバリウム鋼板と太陽光パネルのあいだに空気の層ができて断熱になり、さらに屋根に直接太陽の光が当たらないことで牛舎のなかの温度を抑えられます。つまり太陽光発電は牧場にとって一石二鳥なのです。

下山氏は太陽光発電に五十五億円もの投資をしています。二〇二〇年の段階で二億円ほどの純利益がありました。

いま人類は新型コロナウイルスへの感染という新しい危機に直面しています。ただし下山氏はコロナを危機とは捉えていないようです。今後、下山氏がどう立ち向かうか注目しています。

経営不振の牧場を復活させる

私が下山氏の取り組みで素晴らしいと感じているのは、赤字の牧場を引き取って、瑞穂農場のグループに入れて黒字化している点です。沖縄県石垣市のマリヤ牧場や岡山県笠岡《かさおか》市の希望園がそれに該当します。

マリヤ牧場は経営不振で民事再生法が適用された牧場です。それを下山氏が引き取った。この際、牧場の社長はそのままの肩書で残ってもらい、ともに黒字化を目指すというのが下山氏のやり方です。

希望園の場合は、瑞穂農場から五人の社員が派遣され、下山流の経営方式に変えていきます。子牛の育成を専門とする社員、搾乳《さくにゅう》を専門とする社員など、牧場の状況に応じて選ばれた社員が再建を担《にな》います。ある程度軌道に乗ったあとも二～三人の社員が常駐します。

どの牧場でもマリヤ乳業と同様に、オーナーはそのまま残すようにしてきました（オーナーが代わった牧場もあり）。それだけでなく、もともといた社員もそのまま働いてもらい、売上を伸ばすと同時に給料も上げます。

また、オーナー側から「こうしたらもっと利益が出るのではないか」という提案があれば、採用することもあるといいます。

こうした方法で、希望園は四十九億円ものお金を借り入れて指導して、たった八年で黒字の優良企業へと転身したのです。この取り組みが地方の農場を復活させ、地方で雇用を生むことになるわけですから、まさに地方創生そのものです。

経営不振の農場を引き取る際に一つだけ条件があるといいます。それは牧場にある程度の敷地があるということ。狭い牧場では牛を大量に育てることができず、黒字化が難しいからです。経営不振の牧場を引き取ってグループに入れて黒字化するという下山氏のやり方は、氏にとっても大きな意味があります。牧場が儲かれば瑞穂農場の利益にもつながるからです。そのため、牧場の株式は最低でも三分の二は保有するようにしているといいます。牧場を引き取るときに、一定の金額で株式を取得する。これは下山氏と牧場のあいだでトラブルになるのを避ける意味もあります。

こうして巨大化した瑞穂農場は、生乳・子牛・堆肥の生産量が最大規模の大企業となりました。

七十二歳になって始めた学生支援

七十歳を過ぎたら社会貢献をしたい、それは下山氏が以前から考えていたことでした。そうして氏が七十二歳のときに立ち上げたのが、公益財団法人みずほ農場教育財団です。この財団は、経済的な理由で修学が困難な母子家庭・父子家庭の学生を対象に、奨学援助で人材を育成することを目的に、二〇一六年四月に設立されました。

同年から毎年五十名以上の学生が援助を受けています。二〇一九年には国からの認可が下り、年間三千五百万円あまりの予算をこの事業に充《あ》てました。

母親もしくは父親一人で子供を養っているという人が瑞穂農場に勤めているそうです。そういった人と直《じか》に接するうちに、支援したいという思いが強くなったといいます。

小中学生には一万五千円、高校生には三万円を毎月支給しています。支援した子供からのちに「東大に受かりました」という手紙が下山氏のもとに届いたこともあるそうです。

発足当初は茨城県内の学生が対象でしたが、国の認可が下りたことで、全国の学生に支給できるようになりました。ただ、申し込みが殺到しているので、かなりの競争率になっているのが現状だそうです。

小学生を対象とした支援は、みずほ農場教育財団が初めて実現させました。苦労している子供たちを援助したい、その気持ちで続けています。

地方創生を意識する理由

牧場を経営していると、全国から若者が集まってきます。仕事を求めてくるのです。本社にも百二十三人の従業員がいます。二〇二一年の新入社員の大卒の比率は七割です。そして県内で結婚して家族を養っている。当然、県内に税金を納めることになります。

大きな組織で農業をやるのに否定的な意見を述べる人もいます。しかし、私は素晴らしいと思っています。仮に百人の従業員がいたとして、彼らが結婚して子供を生めば、数百人の人が生活を送ることになる。これが地方を活性化させるのです。

本社がある常陸大宮市は、那珂郡大宮町が四つの町村を編入合併してできました。そのため面積は広いものの、人口は少ない。そういった地域に法人があることで、従業員は納税をして、町は元気になります。また、一つ農場をつくると、数百万円の固定資産税がかかるのです。つまり地方の経済は潤《うるお》うことになります。

下山氏が地方を意識するようになったのは、子供のときに貧しい生活を送ったからです。必死になって両親の手伝いをして、就職を経て独立してからも必死で働いてきました。だからこそ、一所懸命生きようとしている人に援助をしたいと思ったのです。それが前述のみずほ農場教育財団につながりました。

また、人が減り寂《さび》れていく地方の状況に危機感を抱いています。だからこそ、地方で雇用を生んで人を増やして、盛り上げたいと考えています。実際に常陸大宮市の市長からは感謝の声も届いているといいます。

規模拡大で雇用を生み、学生を支援する。五十年以上にわたって畜産業で大事な役割を担ってきた下山氏の取り組みの一つひとつは、間違いなく地方創生につながっているといえるでしょう。

②有限会社ワールドファーム／経営企画室室長・櫻井勇人氏

六次産業化を確立したワールドファーム

日本は多くの食品を中国から輸入してきました。その理由は、日本産よりも中国産のほうが安いからです。

ただ近年の中国では、最も品質の良い食品は中国国内の富裕層が消費しています。したがって日本に入ってくる中国産の食品は、主に中級品です。たとえ品質が良くなくても、安さを優先してきたのがこれまでの日本でした。

このような状況で、野菜の分野で存在感を発揮している日本の企業があります。茨城県つくば市に本社を構える有限会社ワールドファームです。同社で経営企画室室長を務める櫻井勇人氏は、事業について以下のように語ります。

「ワールドファームは野菜を生産して、安定的に供給するビジネスモデルを構築しています。もちろん、中国産の野菜と比べると価格は高いですが、より品質の良い野菜を生産しています」

ワールドファームは二〇〇〇年に設立された、比較的新しい会社です。同社の創設者であり会

つくば市の畑でキャベツを生産。その他、熊本や鳥取でも生産している

長を務める幕内《まくうち》進氏と、代表を務める上野裕志《ひろし》氏は、まったく別の業界で仕事をしていました。ただ、幕内氏はずっと「環境・福祉・農業」というテーマを掲げており、かねてから農業に参入するつもりだったそうです。

現在、つくば市には本社と農場のほか、収穫した野菜を加工する工場があります。また、熊本県と鳥取県に支社があり農場と工場を運営しています。さらに石川県でも農場を運営、いずれは工場を建てたいと考えているようです。

つくば市の工場では生産加工を行っています。キャベツを半分に切って芯を取る。あるいはみじん切りにするなど、用途に合わせたかたちに加工。そうして食品メーカーや惣菜《そうざい》店に卸《おろ》しています。

一方、熊本と鳥取の工場では冷凍加工を行っ

生産したキャベツは工場で加工して食品メーカーなどに卸している

ており、ほうれん草、小松菜《こまつな》、ごぼう、ブロッコリを、やはり用途に合わせたかたちに加工しています。

同社は創業当時からつくば市に工場を建てて、六次産業化の形態をとってきました。ちなみに六次産業とは、一次産業の生産、二次産業の加工、三次産業の販売を包括的に行うことです。

農作物の価格は、どうしても市場に左右されます。換言するなら、農家には価格決定権がないのです。そこでワールドファームは、卸し先と年間契約や半年契約をして、カット野菜を卸すことで、加工から先の値段を一定にしています。つまり契約で定めた量の野菜を生産すれば、事業は安定すると同時に、拡大できると考えているのです。

また、野菜は単価も安いので、個々の農家は超零細的な経営をしています。それでは企業として規模を拡大することができません。だから同社は生産だけでなく、加工や販売まで行うことにしたというわけです。

地元の人材採用で雇用を生む

つくば市、熊本、鳥取、石川のほかに、ワールドファームが直営で展開している農場は、全国十県十四カ所にあります。農地を借りてキャベツなどを栽培しています。

農地を借りる際には、現地調査などの下準備をしたのち、最初は二〜五ヘクタールほどの農地を借りて試験的に栽培する。例えば同社が得意とするキャベツを植えてみて、その農地の気候風土などを見ていくのです。

そして農地として適していると判断したら、さらに農地を三十ヘクタールほど借りて生産量を増やしていきます。また、重要なのは工場も建てること。そうして六次産業化して、規模を拡大していこうと考えています。現に熊本や鳥取はこのやり方で進めてきたし、現在農地を借りている十県にも工場を建てることを目標にしています。

ワールドファームのこのやり方もまた、地方の活性化につながります。農場と工場をつくり、地元の人を雇っているからです。本社には茨城県民、熊本や鳥取支社には県内もしくは近隣の人が多いので、地元にとってありがたい企業であることは間違いないでしょう。

ちなみに現在、八十人いる従業員はすべて日本人で、正社員として雇っています。農業高校・大学、あるいは茨城県内にある農業関係の専門学校の卒業生も毎年入社しているそうです。社員の平均年齢は三十歳と若く、新卒だけではなく、他の業種から転職してきた人も少なくないといいます。

農場や工場で働くことで、社員は双方の技術を習得できます。人材育成の考えについて、櫻井氏は以下のように述べています。

「ワールドファームでは、農業と工場にそれぞれトップがいて、その下に従業員がいます。従業員は農業も工場も、場合によっては事務方を担うこともある。それらの仕事に従事しながら、農業の知識や経験を積ませて、将来的に同社で出世できる人材、提携会社へ幹部として転籍する人材、あるいは独立できる人材に育てることに重点を置いています」

同社が育成に強い意識を持っているのが窺《うかが》えるでしょう。

人材を育て、六次産業で安定して野菜を生産、加工することで、横に産業が広がっていく、そう考えているのがワールドファームです。この場合の産業とは、収穫した農作物を運ぶ運送業や、肥料を生産・販売する業者などを指します。

地方活性化につながる新会社

農業の発展は、町づくりにも貢献することになります。二〇二〇年に同社は三井不動産と連携して、三井不動産ワールドファーム株式会社を設立しました。

同社が目指しているのは、農業を発展させて、人の新しいライフスタイルを構築していくこと。茨城県筑西市《ちくせい》と栃木県芳賀町《はがまち》を中心に始動します。こうした取り組みからも、地方活性化に対する思いがよく分かるのではないでしょうか。同社は具体的に五つの方法を掲げています。

①生産・加工一体型の農業事業
②集団農法による組織的・計画的な農業運営
③加工・業務用野菜に生産を限定
④テクノロジーを活用した高い生産性の確保
⑤都心と近郊地域の人々によるイノベーション共創拠点の形成

①〜③はこれまでワールドファームが続けてきたことです。そして三井不動産との提携によって、④〜⑤に取り組めることになりました。

ワールドファームには会社設立から二十年間培《つちか》ってきた農業ノウハウがあります。そこで、このノウハウを求めている企業と組むことで、さらに農業を発展させる可能性が高まるのです。それがイノベーションにつながっていくことでしょう。安定した農業を営めば、運送業や販売業など他の産業も伸びるのはすでに述べたとおり。そしてそれが循環することで地方の経済は潤い、さらなる可能性が生まれることになるのです。

櫻井氏はこのプロジェクトに対して以下のように語っています。

「最終的には地域一帯となるモデルを目指しています。それが循環型社会で、関東では三井不動産と提携してやる。その他、すでに農場を運営している十県でも、まずはワールドファームが先行して農業を活性化させる。そして賛同してくれた企業が現れたら、同じように循環型社会を目指していく、そのような計画を立てています」

地方からの誘致に応じて規模拡大

現在でこそ地方活性化につながる業務を行っているワールドファームですが、設立当初からそこまで考えていたわけではないといいます。当初は農業をビジネスとして成立させることを考えていました。

会社を設立してしばらく経ったころ、取引先の紹介で、熊本に冷凍工場があることを知りました。近くの農家で収穫したほうれん草を加工して、冷凍するための工場でした。ところが、この工場の経営が傾いてしまった。そこでワールドファームに何とかしてもらえないかという相談があったのです。

ワールドファームはその誘いを受けました。熊本という遠い場所で、それまでメインで生産し

熊本のほうれん草畑。ほうれん草の生産は同社にとって大きな挑戦だった

てきたキャベツではなく、ほうれん草をつくるのはリスクがありました。それでもこれをチャンスと捉え、ほうれん草の栽培から加工までを一貫して行うことにしたのです。

野菜を生産して、安定的に供給するのは大変なことです。キャベツの生産を始めたころの苦労を、櫻井氏は以下のように振り返ります。

「従業員たちは七〜八年かけて、キャベツの生産や加工を続けてきました。その間、四苦八苦しながらノウハウを蓄積しました。最初は農業のことがよく分からず、できたキャベツは、見た目は普通でも中身が枯れていたこともありました。

農業の技術があれば何も問題はありません。ところが技術がなかったにもかかわらず、先に加工工場をつくってしまったため、加工するた

キャベツと同様にほうれん草も収穫後に加工して卸している

めの原料が作れないという事態に陥《おちい》ったこともあります。それでは工場から先の取引先に迷惑がかかります。そのためキャベツを他社から仕入れて、それを加工して卸したこともありました」

苦労を重ねて高品質のキャベツを生産できるようになった。ただ、ほうれん草となるとノウハウはまったくなく、また時間をかけて技術を向上させていかなければなりません。それでもチャンスと捉えたのです。

六次産業は1＋2＋3ではなく、1×2×3といわれているように農業が基本です。農業がしっかりできて、初めて加工や販売が成り立つ。つまりきちんと生産していなければ、六次産業は確実に失敗します。

櫻井氏は六次産業化の利点を野球にたとえて

説明してくれました。

「キャベツといえば嬬恋村《つまごいむら》や愛知県が有名です。これらの地域で収穫したキャベツがメジャーリーグだとすると、ワールドファームのキャベツは高校野球です。プロを目指している段階です。まだまだ熟練の農家には勝てません。しかし逆にいえば、加工とセットで行えば、高校野球のレベルでも十分に利益を上げられるのです」

熊本の加工工場を稼働させてしばらくしたときに、ワールドファームが日経新聞で取り上げられました。するとそれがきっかけで、各県から誘いを受けるようになりました。そのなかに鳥取からの誘いがあったのです。農地や工業用地も用意するという話で、同社は鳥取への進出を決めました。熊本や鳥取でのやり方をモデル化すれば、間違いなく人材育成につながるし、日本国内の農業の課題の解決につながることでしょう。

需要が高まる国産の野菜

現在のワールドファームの生産量は、キャベツが原料ベースで年間約八千トン、ほうれん草や小松菜は二千トン超に上ります。

では、ワールドファームがつくっている野菜は、具体的にどのようなものなのでしょうか。

「野菜をピラミッドとして考えたときに、一番上には富裕層に向けた高級野菜があります。しかし、ワールドファームの野菜は、一番下の、一般的な野菜を大量に、それも安定的に供給する企業です。一番下とはいっても、やはり中国産の野菜と比べると安心・安全です」（櫻井氏）

十年前なら中国産の野菜の価格は安かったでしょう。ただ、中国は経済成長を続けたことで自国での消費が増加。それと同時に価格も上がりました。そのため国産の需要が高まっています。徐々に脱中国が進むなか、今後の日本の食を支えるという意識を持っているのがワールドファームです。

歴史を振り返ると、大きな川がある所で文明が発達して、農業が盛んになっています。そして農業が盛んな所に人が集まる。そのような場所があちこちにあるのは日本だけです。日本には北海道から沖縄まで、どこに行っても農地があります。また、日本には四季があり、豊富な水がある。国土は広いとはいえませんが、地理的に農業に適した国といえるでしょう。だから日本の国土をフルに活用して、農業を振興するべきだと考えたのがワールドファームの考えだと、櫻井氏はそう語っています。

そのうえで野菜の国産化の普及を推進していけば、国内で収穫した野菜の消費が増えて、自給率も高まります。

また、中国やその他のアジアの国々も経済成長を続けているため、日本の美味《おい》しい野菜を食べたいと考える人が増加しています。特に黒毛和牛のようなブランド化を図らなくても、日本産というだけで買ってくれる人が世界にいる。将来的に、ワールドファームも輸出することを考えているそうです。

コロナ禍でどう生き残るか

新型コロナウイルスの感染拡大により、世界的に危機的な状況です。この点について同社はどのように捉えているのでしょうか。

二〇〇〇年代に入ってから、リーマン・ショックや東日本大震災など、日本人にとって大きな危機がありました。ただ、食品業界はそれほど影響を受けなかったし、それはワールドファームも同じだったといいます。

特に同社の場合は業務用の野菜をメインに、外食産業や食品メーカー、学校給食や病院食などに使われています。経済危機や災害に直面しても、人は食事をしなければ生きていけません。だから影響を受けなかったのです。

ただ、新型コロナの影響で、外食産業は軒並《のきな》み低迷しました。業務用や外食産業に卸していたということは、大量の加工野菜を売ることで、収益を安定させていたわけです。ところが外食産業の低迷を受けた。同社は現在、その影響を受けています。そこで今後は、小売にも力を入れることを検討しているそうです。ただ、あまり小売にウエイトを置くとなると、消費者に魅力を感じてもらえるようなものを供給する必要があるでしょう。すると現在生産している業務用の野菜とは乖離《かいり》が生じます。そのため、急に業務を小売にシフトするのは難しいのです。

ただ、今後も業務用の加工野菜を供給することをメインの業務とするものの、社会の変化に対応していくことも、積極的に考えているといいます。

櫻井氏は以下のように語っています。

「外食業界も新型コロナの影響を受けて、デリバリーを増やしています。また、博多《はかた》の有名な明太子《めんたいこ》のやまや、あるいはもつ鍋の老舗《しにせ》店などは、ネット販売で売上を伸ばしています。個人消費者も外食の分のお金を自宅での料理に使うようになっています。また、近年は健康志向で栄養価の高いもの、オーガニック系のものを求める人が増えているでしょう。そのようなライフスタイルの変化にも適応する。まだ完全に進むべき道を決めているわけではありませんが、常にアンテナを張って、柔軟に考えるように心がけています」

③株式会社有機産業／代表取締役・鈴木一良氏

茶畑は性に合わず肥育事業を始める

さて、次に紹介する企業は静岡県御前崎《おまえざき》市に本社を構える株式会社有機産業と、その系列会社の鈴木牧場です。有機産業は堆肥や有機野菜の生産、鈴木牧場は牛の肥育事業を手掛けています。

鈴木牧場の規模を拡大し、有機産業を立ち上げたのは鈴木一良《かずよし》氏です。現在、鈴木牧場の経営は長男に譲り、氏は有機産業の代表取締役を務めています。

鈴木氏のキャリアは、父が営んでいた一・二ヘクタールの茶畑を受け継いだことから始まります。ただ、お茶の生産は氏の性に合わなかったそうです。当時のことを以下のように語ります。

「お茶づくりは地味な作業が多く、私には合いませんでした。ただ、牛の飼育に興味を抱くようになりました。茶畑に与える肥料に牛の糞を使っていたため、十三頭の牛を飼っており、私が毎日面倒を見ていました」

その後、少しずつ牛の数を増やしていき、仕入れた牛を育てて売るという肥育事業を始めたのです。やがてこの事業がメインになり、一九八八年に鈴木牧場が設立されました。

肥育事業で最も儲かったのは昭和四十～五十年代です。鈴木牧場では最盛期に一千八百頭もの牛を飼育していました。

しかし、飼料価格の高騰やＢＳＥの発症などを理由に経営方針を転換。牛の品種を乳用種などから黒毛和牛に切り替えました。生産量だけでなく、質も求めるようになったのです。その後、独自ブランド「遠州《えんしゅう》夢咲牛《ゆめさきぎゅう》」を全国に広げるために尽力しました。

また、詳細は後述しますが、牛の増加で糞が増えました。そこで独自のシステムを開発して、堆肥の生産を始めました。そして一九八八年には堆肥の販売を行うようになりました。同時期にはトマトやねぎなどの野菜の生産・販売を行う株式会社有機産業を設立しました。現在、有機産業は飼料や堆肥、野菜、そしてメロンやお茶などを生産しています。

鈴木氏は「臭《くさ》い牛舎からうまい牛肉は生まれない」と考えています。だから天井が高く、換気が良く、臭いもなければ蝿《はえ》もいない新しい牛舎を建造しました。

鈴木牧場の牛舎。臭いがほとんどなく、牛にとって理想的な環境

現在、鈴木牧場で飼育している黒毛和牛は約七百頭と大規模です。牛はストレスのない牧場で育てています。後述する独自の混合飼料を使って育てると、牛は大きく、そして早く育ちます。また、一般的には出荷までに三十三〜四十カ月を要しますが、鈴木牧場の牛は二十七〜三十カ月程度で出荷しています。

鈴木牧場の牛は肉質が柔らかく、脂《あぶら》があっさりしていると評判です。各種の畜産共進会で最優秀賞を連続受賞しています。育てた牛の九八%は最高級のA5からA4になるというから驚きです。その理由が優れた環境と良質な飼料にあるのです。

自家製の餌づくりに成功

肥育事業を始めた一九六〇年ごろから、鈴木氏は餌の値段が高いとずっと感じていました。一九七三年に第一次オイルショックが発生すると、価格はさらに上がりました。そんな折に知人から「鶏糞《けいふん》を発酵させたら餌や堆肥になる」という話を聞いたそうです。鈴木氏はその話に飛びつくと、知人にいわれるがまま鶏糞から発酵飼料を作る発酵機を購入しました。

ただ、この発酵機で餌を作って牛に与えるようになると、一つ問題が起きました。牛の胃のなかでアンモニアガスが発生して、鼓脹症《こちょうしょう》になってしまったのです。そのため二時間おきに牛舎に行き、牛の様子を見なくてはならなくなりました。とはいえ、アルバイトを雇うほど経済的な余裕がなかったので、氏は一人で二時間おきに確認していたといいます。当然、夜中も確認しなければならず、そんな生活を数カ月ほど続けていたら、体調を崩してしまったそうです。

しかし、ある日の夜中に奇跡が起こりました。

「製造機で作った餌を手に取ると、何かが溢《あふ》れ落ちた。なんだろうと拾ったら鶏糞でした。無意識にその鶏糞のにおいを嗅《か》ぐと、アンモニア臭がしました。要するに鶏糞が未発酵だったのです」

このとき鈴木氏は、鶏糞の塊《かたまり》が残っていると微生物は発酵できないと気がついたそうです。尿酸が分解できず、腐敗発酵してしまうのです。そこで飼料を細かくするために、茶篩《ちゃふるい》でふるいにかけて塊を除去しました。そうして再び機械にかけると、しっかりと発酵させることができたのです。遂に自分で牛の餌を作ることができるようになりました。なお、現在は指定配合で、鶏糞は使用していません。

独自に堆肥製造機を開発

有機産業も瑞穂農場と同様に、大量の糞尿を処理する技術を独自に開発しました。鈴木牧場の牛の排泄物《はいせつぶつ》が良質な堆肥になり、有機産業の安全な野菜づくりに役立っています。

こうした循環型農業を可能にした理由は、三十数年前に堆肥の処理機械を独自に開発したからです。鈴木牧場の牛には後述する混合飼料とセラミック水を与えているため、糞尿にはほとんど臭いがありません。そしてその糞尿を堆肥にします。

同社ではスクリューバランサーとホットクリーンM－1という二種類の機械を使っています。機械について鈴木氏は以下のとおり解説します。

「スクリューバランサーは一度に大量の堆肥を作る機械です。一方のホットクリーンM－1は、近赤外線で、高い熱源をもって短時間で堆肥を作ることができます。畜産排出物や農業排出物の有機物、鉱物質、土などを短時間で混合発酵分解します。最先端の技術で、たとえ腐敗状態で臭いのある原料でも、攪拌《かくはん》直後に活性発酵のにおいに変わります」

堆肥は原料の時点でほとんどにおいません。有機産業の堆肥は放っておくと真っ白になって放《ほう》線菌《せんきん》が湧きます。だから落ち葉のような匂いがします。その原料を機械にかけて堆肥にします。

一度に大量の堆肥を生産するスクリューバランサー

「有機産業のメロン畑では、培土《ばいど》を用いています。赤土を購入して、この堆肥とミネラルを混ぜて、一度発酵させる。状況に応じて堆肥の割合は変わりますが、新しく作物を育てるときは、必ずこの培土を用います。すると一作目から豊作になるのです」(鈴木氏)

この機械で毎日、養鶏十万羽の糞尿を処理できます。豚だと鶏の十分の一となる一万頭、牛だと豚の十分の一の一千頭の糞尿が処理できます。さほど大きくない堆肥舎で、それだけの糞尿を処理できるのです。

堆肥と飼料と水で臭いと蠅が消えた

近年は微生物やエネルギーの研究にも力を入れています。以前は鈴木牧場も他の牧場と同じように、牛舎には悪臭が漂《ただよ》い、蠅にも悩まされていま

近赤外線の力で短時間で堆肥を作ることができるホットクリーンM-1

した。そこでこれを解決するために、セラミック水を開発したのです。セラミック水とは独自の濾《ろ》過《か》装置を水道のタンクやパイプに設置して濾過した水のことで、マイルドになるといいます。この水は他の成分の吸収を助ける働きがあり、動植物に与えると元気になります。これまで鈴木氏は、食べて元気になる農畜産物を届けるという思いを込めて生産してきました。そうした思いが、このセラミック水にも込められているといえるでしょう。

また、動物は酵素（微生物）やミネラルが不足すると病気にかかりやすくなります。そこで鈴木氏は、混合飼料（グルメアクション）を餌に〇・三%混ぜています。混合飼料とは微生物を米糠《こめぬか》で発酵させて酵素化し、ミネラルや海藻《かいそう》や、鉄とカテキン混合液、木酢液《もくさくえき》を混ぜたものです。

左から筆者、鈴木一良氏。ソルガムは最終的に5メートル50センチに成長した

鉄やカテキン混合液や木酢液は抗酸化率が高く、殺菌力がある。また混合液は堆肥の脱臭効果もあり、牛豚鶏の病気も減少するといいます。加えて亜塩素酸ナトリウムも重要です。これを堆肥に吹き付けると、臭いが取れて殺菌されるのです。

堆肥とセラミック水、そして混合飼料のおかげで、牛舎からは臭いと蠅が消えました。

さて、二〇二〇年七月は大雨が続き、野菜は日照不足による不作となりました。スーパーであらゆる野菜の価格が高騰したことを覚えている人も多いことでしょう。

当然、有機産業も例年と比べたら不作でした。ただそれは有機産業にとって不作だっただけであり、ほかの畑と比べたら豊作でした。その証拠にソルガムは五メートル以上に伸び、里芋も二メートルを超えています。

もし天気がよかったら、もっと立派に育っていたことでしょう。鈴木氏によれば、ソルガムの糖度は一二度。理想は二〇度で、それが実現できたら、粗飼料《そしりょう》ではなく濃厚飼料になり、酪農でも繁殖でもよく育つことになるのです。他の農場の牛は病気が多いなか、鈴木牧場の牛は元気です。

他の牧場に技術提供をするワケ

鈴木氏は農場や牧場の経営だけでなく、技術革新を希望する牧場にご自身のノウハウを伝授しています。これもまた、氏の大きな功績といえるでしょう。

その代表は山形県酒田《さかた》市にある平田牧場です。食肉の生産から販売まで手がけている同牧場は、一般社団法人日本養豚協会が主催する「平成29年度米活用畜産物等全国展開事業 飼料用米活用畜産物ブランド日本一コンテスト」において、農林水産大臣賞を受賞しました。平田牧場の最高級ブランドの「金華豚《きんかとん》」と代名詞の「三元豚《さんげんとん》」は、近年評判の豚肉です。サシが入っていて真っ白な豚肉は、しゃぶしゃぶで食べても灰汁《あく》が出ません。

また、金華豚は豚肉の脂肪交雑《こうざつ》基準（ＰＭＳ）でも4～6という高い評価を受けています。ＰＭＳとは脂肪交雑基準のこと。近年、ＰＭＳ判定を利用する生産者や流通業者が増加しています。判定する日本食肉格付協会によれば、年間四千四百頭以上で利用されたといいます。ＰＭＳには、肉質改良目的や霜降り肉の優位性を高める狙いがあり、ロース断面の脂肪含有率ごとに1~6で評価します。そうして下された評価は、全国食肉市場や食肉センターで利用されます。

平田牧場は、一九九〇年代半ばに有機産業が開発した堆肥の製造機を導入しました。また、有機産業の混合飼料を仕入れて、餌に対して〇・三%混ぜて豚に与えているのです。さらにセラミック濾過装置も導入しています。

有機産業の技術を全面的に導入したことで、平田牧場の豚肉は高い評価を受けるようになったのです。

平田牧場と同様に、静岡県御前崎市の養鶏場や沖縄県石垣市の和牛肥育もまた、混合飼料やセラミック水を導入しており、やはり高い評価を受けています。

鈴木氏が他の牧場に技術提供を行っているのはなぜでしょうか。以下のように語っています。

「決してビジネスだけのためにやっているわけではありません。私には農畜産業を盛り上げたいという強い気持ちがある。堆肥やセラミック水を作る機械や混合飼料は購入してもらいますが、私が長い時間をかけて培った技術は、すべて無料で教えています」

氏のこうした取り組みは、まさに地方創生そのものです。

農業コンサルタントで新規就農者を育てる

農業をする傍《かたわ》ら、鈴木氏は積極的にセミナーを行っています。農業を始めたいと考えている人たちに対するセミナーです。こうした取り組みに呼応するように、新規就農者が増加しています。鈴木氏の活動はそれだけではありません。自身がこれまで培ってきた農業のノウハウを新規就農者に指導するという、農業コンサルタントのような仕事もしています。

静岡はメロンの生産地として有名です。鈴木氏は独自の生産方法を編み出し、他の農場よりも品質の高いメロンを生産しています。例えば土壌です。メロンの生産にあたって、普通の農家では土壌消毒を行いますが、氏は消毒を行わないといいます。また、接《つ》ぎ木もしなければ農薬も使いません。メロン栽培の常識とはかけ離れたことをやっているといえるでしょう。

そんな鈴木氏の指導を受けて生産すれば、最高品質のメロンがつくれるのです。実際に新規就農者の寺口祐輔氏は、二〇二〇年二月に鈴木氏の指導のもとでメロンの栽培を始めると、五カ月後に最高品質のメロンをつくってしまいました。

それまで寺口氏には農業の経験がまったくありませんでした。それがなぜ、農業に従事することになったのか。寺口氏は以下のように語ります。

「大学を卒業して生命保険会社に就職しました。もともと健康に関心があり、人が健《すこ》やかに生きることをサポートしたいという思いから、生命保険会社に入社したのです。

しかし、身内に病に苦しむ人がいたことから、もっと人の健康のために何かできないかと考え

1棟のハウスに410本のメロンの木が植えられている

るようになりました。そして健康に食は欠かせないということに気がつき、だったら農業を始めて体にいいものをつくろうと考えたのです」

その後、農業のセミナーに参加した寺口氏は、講師を務めた鈴木氏の堆肥に関する話や農業に対する思いに共感。五年間勤めた会社を退職すると、神戸から静岡に引っ越してきて、妻・真夏氏とともに鈴木氏のもとでメロンの生産を始めました。直後には従兄弟《いとこ》の中村亮氏も加わり、現在は三人でメロンをつくっています。

寺口氏は一作目から非常に品質の高いメロンをつくりました。味はもちろんのこと、マイナス五〇〇と酸化還元電位の高い、つまり健康に良いメロンをつくったのです。ただ、最初はサイズに少し問題があったそうです。メロンの平均サイズは三・二キロだったのですが、少し大きさにムラがありました。

左から寺口祐輔氏、鈴木一良氏、寺口真夏氏、中村亮氏。3人は農業とは無縁だったが、鈴木氏のもとで極上のメロンを生産している

そこで鈴木氏は与える水の量を調整するように指示を出した。すると二作目は一・五～二キロと、理想的なサイズのメロンが揃いました。また、与える水の質も重要で、マイナスイオン水を与えています。水で作物の完成度は変わると鈴木氏は断言します。今後は一本のメロンの木から二個採りにも挑戦するそうです。

また、後述する近赤外線を転写した紙を巻くと、メロンはより良い味になるといいます。近赤外線の転写が作物にいい影響を与えることは、寺口氏も実感しています。

ちなみにハウス一棟で立派なメロンと大きな稼ぎになります。ハウスに四百十本植えられるので、一作で約百五十万円。年に四～五回転できるので六百万円にも上ります。

つくったメロンは代理店に一個三千五百円で販売。

直販にして五千円で販売すれば一億円の売上になります。

鈴木氏は、日本人こそが世界をリードする役割を担うべきだと考えています。世界の食料を日本人がつくる、そういった思いを抱き、自らのノウハウを他の牧場や新規就農者に惜しげもなく伝えているのです。このような人物がいる限り、日本の農業の未来は明るいといえるのではないでしょうか。

農産物が美味しくなるマル秘技術

さて、最後に近赤外線がもつ不思議な力についても解説します。

鈴木氏が所有する近赤外線は知人から譲り受けたもので、知人はこれを使って体や水質を改善させる研究を続けています。近赤外線を含んだ電球は光らせると、同時に近赤外線を放出します。近赤外線は単なるカーボン電球ですが、これが有機産業の農産物を支えています。

知人は近赤外線の電球を撮影し、その写真を部屋に飾っていました。近赤外線は不思議なオレンジ色の光を放出していました。いわゆるオーラが出ていたのです。非常に面白い写真だったので魅力を感じて、鈴木氏はその写真をもらったのだそうです。

その後、事務所のテーブルにその写真を置いていたのですが、ある日たまたまコーヒーを淹《い》れたマグカップをその写真の上に置いたのです。すると瞬く間にコーヒーの味が変わった。すぐに

近赤外線を放出するカーボン電球

写真から凄《すさ》まじい力が放出されていると気づいた氏は、試しにお酒を入れたコップを置いてみた。すると、やはりお酒も古酒《こしゅ》のような味に変わりました。

私も鈴木氏の事務所を訪れたときに、ウォッカで実験しました。ボトルから注いだウォッカを普通に飲み、次に近赤外線の写真の上に十秒間置いたウォッカを飲みました。するとまったく味が違ったのです。まるで古酒のようにマイルドな味に変わりました。

鈴木氏は、この近赤外線の力を畜産や農業でも使えると考えました。先述した寺口氏のメロンの栽培にも活用しています。メロンの枝に近赤外線の写真を転写した紙を巻きつけて育てているのです。また、出荷するときには同じ紙でメロンを包んでいます。そうすることでメロンは熟成され、味がよりよくなるのだといいます。

牛に与える飼料にも、この近赤外線のパワーを用いています。鈴木牧場の牛肉が高い評価を受ける理由の一つが、この近赤外線にあるのです。

作物や牛の成長を促す竹チップ

それからもう一つ、有機産業には注目すべき技術があります。

鈴木氏は十五年ほど前から竹の研究を続けています。この研究で分かったのは、竹を細かく砕き発酵させた「竹チップ」には、暖房効果があるということです。鈴木氏は次のように語ります。

「竹チップに米糠《こめぬか》などで作った堆肥を混ぜることで、七十度ほどの熱を発するようになります。要は竹を堆肥化させるわけです。そして私が開発した竹チップ発酵槽をハウスの横に設置します。この発酵槽からハウスの土の下に管《くだ》を通し、その管に水を流します。すると水は竹チップの堆肥によって温水となり、それが管を流れることで土が温まる。この熱によって作物の生育を促進させます。また、竹チップの堆肥からは二酸化炭素が多く排出されるので、これもまた作物がよく育つことにつながるのです」

さらにこの技術を用いてハウスのなかで作物を育てていると、多くのカブトムシが寄ってくるそうです。カブトムシは堆肥にも寄ってきますが、竹チップにより多く寄ってきます。そして竹チップのなかに卵を産み、孵化《ふか》した幼虫が育ちます。すると幼虫に餌をやらなくても、勝手に育ってしまいます。

カブトムシの糞もまた重要な肥料となるので、作物は大きく育ちます。有機産業は岐阜大学や石川県の農家と共同で実験を続けており、すでに人間の顔より大きなナスや、一株五百グラムのほうれん草を収穫しています。

また、鈴木氏はこの技術を畜産業でも用いています。牛舎の敷料（畜舎の床に敷く素材）として、おが粉《こ》の代わりに竹チップの堆肥を敷いているのです。するとおが粉よりも殺菌と脱臭の面で強

約450グラムのナス。人間の顔よりも大きい

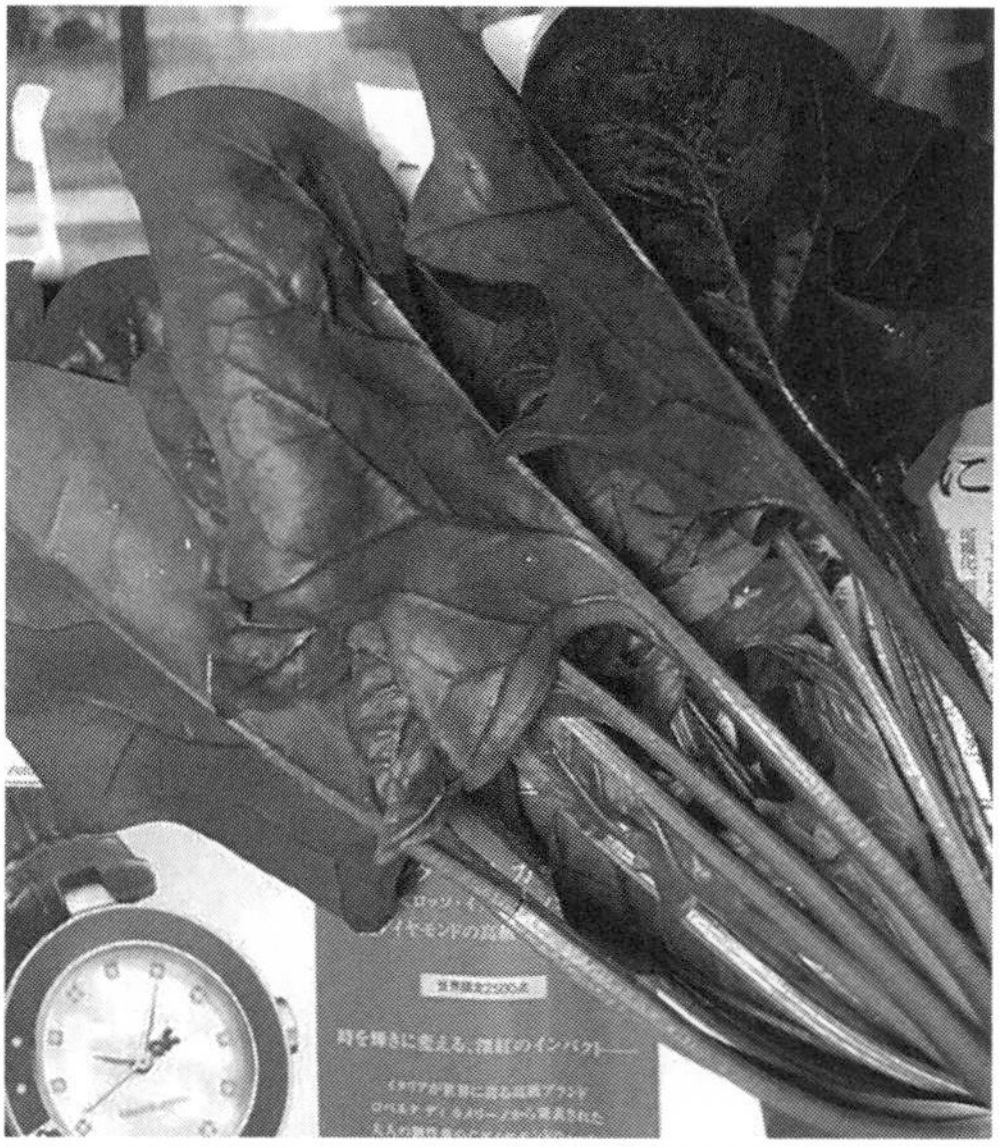
竹チップの力によってほうれん草は1株500グラムに育つ

い効果があり、動物もまた生育が促進され、病気になりづらくなるといいます。

竹チップはすでにさまざまな農家で活用されています。しかし独自の竹チップ発酵槽を開発して農業に導入、さらに畜産業にも応用している点から、有機産業はこの分野で最先端を行く企業の一つだといえるでしょう。

日本国内では放置された竹林が問題化しており、自治体によっては伐採に補助金を出しているほどです。そんな状況だからこそ、竹チップを堆肥として活用するのは素晴らしいアイデアだと思います。

鈴木氏は今後の目標について次のように語っています。

「竹チップを使えば、肥料を与えなくても作物がどんどん育ちます。そうすれば食糧不足に陥《おちい》る危険性は減るし、農家の収益も上がります。現在、大学や他の農家の協力のもと、竹チップの堆肥によってどの作物がどう育つのか、実験を続けている段階です。竹を処理するのは容易な作業ではないため、その点を改善しなければなりませんが、なんとかこの技術を広めたい。将来的には竹チップを用いた農法がメインになると確信しています」

④株式会社林養魚場／取締役会長・林愼平氏

内水面養殖業は食の安全保障

日本の農地面積は約四百五十万ヘクタールです。ただ、日本の農地で収穫した作物だけでは、日本人の食糧をすべて賄《まかな》うことはできません。だから約四億ヘクタールもの農地があるアメリカやオーストラリアから、小麦やとうもろこしなどを輸入しているのです。そうして日本人の食生活は成り立っています。

畜産業も輸入に頼りきりです。現在、国内には畜産農家が多くあり、肉や牛乳や卵を生産しています。こうした家畜を育てるための飼料もまた、輸入しています。エネルギーベースで換算すると、自給率は四〇％以下なので、残念ながら畜産は効率がいいとはいえないのです。

家畜を育てるのは本当に大変なことで、牛の体重を一キロ増やすには、十〜十一キロ程度の飼料が必要になります。また豚なら三〜四キロ、鶏なら二・二〜二・五キロ程度の飼料が必要です。

現在の日本の経済力なら、他国から食糧を輸入できます。しかし、今後もし経済力が低迷したら、思うように輸入できなくなるでしょう。現に日本は中国との競争に負けるようになっています。

その代表例といえば鰻《うなぎ》です。中国では鰻はあまり一般的な食材とはいえませんが、養殖業者が稚魚《ちぎょ》を輸入しています。育ててから日本に輸出するためです。だから日本の業者は以前のように仕入れられなくなってしまいました。

あるいは人類が新型コロナウイルスのような危機に直面した場合も同様に、食糧の輸入が難しくなることでしょう。

また、今後世界の人口は増加します。国際連合広報センターは、世界の人口は現在の七十七億人から二〇三〇年には八十五億人、二〇五〇年には九十七億人、二一〇〇年には百九億人に増えると予測しています。そうなったら、間違いなく食糧が足りなくなることでしょう。

日本に限らず、未来永劫《えいごう》、好景気を維持することは不可能です。だから景気が低迷したり、世界情勢が不安定になったりしたときに備えて、自給できる食糧を確保しておくべきです。

そこで私が注目しているのが内水面《ないすいめん》養殖業です。内水面養殖業とは、河川や湖沼《こしょう》などの内水面で行う漁業や養殖業のことです。私がこれに注目している理由は、餌効率が非常に高いからです。例えばニジマスの場合、一キロに育てるのに必要な餌は一キロです。つまり与えた餌の分だけ大きくなる。なぜこれほど餌効率がよいかというと、ニジマスは水に浮かんでいるだけで、それほど動かないからです。

ちなみに同じ魚でも餌効率が悪いのはマグロです。近畿大学はクロマグロの完全養殖に成功しましたが、マグロは運動量が多く、大量の餌を必要とします。一キロのマグロを育てるのに、なんと十五～二十キロもの餌が必要となり、牛よりも効率が悪いのです。また、ハマチは五～六キロの餌が必要になり、豚や鶏よりも効率が悪いです。

九州などで三十社ほどの業者がマグロの養殖をしていますが、経営状態はよくないといいます。餌にお金がかかるし、台風が直撃して一匹五万～十万円のマグロが流されてしまうと、大きな損失になるからです。

やはり日本は内水面養殖業を発展させ、餌効率が高い魚を生産すべきです。その点でニジマスの養殖は理想的で、食糧の安全保障的な産業といえるでしょう。

水利権を獲得して規模拡大

さて、内水面養殖業を営む企業で注目しているのが、福島県西白河郡にある林養魚場です。マスやイワナなどの養殖のほか、加工品の販売やフィッシング施設などを運営している企業です。

林養魚場は、現在会長を務める林愼平氏の父・林邦朗氏が一九一〇年に創業した、日本で最も歴史のあるニジマスの養魚場です。林邦朗氏は滋賀県醒井《さめがい》にできた、日本で最初のマスの養魚試験場で学んだのち、西白河郡に養魚場を開設しました。

ニジマスの原産はアメリカで、明治初頭に日本に入ってきました。当時、日本では農商務省がニジマスの養殖を推奨していました。意外と歴史は長いのです。

会長の林愼平氏は日本大学農獣医学部水産学科を卒業すると、米ワシントン大学に留学。大型に品種改良した「ドナルドソントラウト」を生んだドクター・ドナルドソンのもとで学びました。

一九六七年に帰国してから、父親の仕事を手伝うようになりました。当時は従業員も七〜八人ほどで、生産するニジマスは年間数十トン程度だったといいます。

ますつり公園のなかにある日本庭園では四季折々の景色が楽しめる

内水面養殖場は、日本では静岡県富士宮《ふじのみや》市と長野県松本市の周辺に多くあります。これらの地域に集中しているのは、湧き水が出るからで、さらに水温が一三～一四℃で安定しています。

一方、林養魚場は主に川の水を使って養殖しています。そのため水温は冬が二～三℃、夏になると二〇℃を超えて魚の具合が悪くなることもある。また、川にゴミが溜《た》まっていて、魚が酸欠を起こして死んでしまうこともあります。

林養魚場が川の水を利用して養殖を行っているのは、行政との交渉の末、一級河川から水利権を取得したからです。当時のことを林氏は以下のように振り返ります。

「林養魚場で働くようになった一九六七～六八年ごろ、真名子《まなご》川に養殖場をつくろうと思い立ち、福島県の水産課に相談に行きました。すると水産課の職

那須白河フォレストスプリングスではマスなど様々な魚を釣ることができる

員は、河川課の課長と会わせるから来なさいという。そうして会って話を聞くと、県で許可できる水の使用量は一日二千五百トンだと説明されました。
ただ、川から取り入れた水は、百〜二百メートル流れてから川に戻っていく。言い換えるなら、川の水は養殖場のなかを通過するだけなのです。だから特別に許可を得られ、好きなだけ水を使えることになりました」
その後、阿武隈川《あぶくま》でも水利権を得て林養魚場あぶくま川分場を開設しました。このときは福島県庁の土木課や河川課の職員との交渉に苦労したそうです。交渉の席で林氏は以下のように訴えたといいます。
「県の職員として地元の産業の手助けに来ているのではございませんか。私は何とかしてくれといま来ているのだけど、あなたは邪魔しに来ているのですか？」

氏のこの言葉からは、ビジネスだけでなく、やはり地元の産業を活性化するという氏の思いが垣間見《かいまみ》られます。

このようにして真名子川や阿武隈川の水利権を得たことで、林養魚場は規模を拡大することができました。現在、養魚場は福島県内に四カ所、宮城県に一カ所と増えています。

釣りという娯楽で地方を活性化

林養魚場は魚を養殖して販売するだけでなく、西白河郡で釣りを楽しめる那須白河フォレストスプリングス（福島県西白河郡）、開成水辺《かいせいみずべ》フォレストスプリングス（神奈川県足柄上《あしがらかみ》郡）、蔵王《ざおう》フォレストスプリングス（宮城県刈田《かった》郡）、裏磐梯《うらばんだい》フォレストスプリングス（福島県耶麻《やま》郡）の五つのフィッシングパークを運営しています。

また、西白河郡には同じく釣りができる施設の「ますつり公園」や、ニジマス料理を味わえる「にじます亭」もあります。ますつり公園のなかにある日本庭園では、四季折々の草花が楽しめます。

こうした取り組みを始めた理由は、林氏が消費者とつながりを持ったほうがよいと考えたからです。創業者の邦朗氏は、フィッシングパークという観光業に手を出すことに否定的だったそうですが、林氏の意思で始めました。

林氏も以前は魚を生産することに重点を置いていました。ところがある日、白河付近をドライブしていたときにパチンコ店が目に入り、ふと考えたそうです。林氏は以下のように語ります。

「人口がたった四万五千人の白河市に二十数店のパチンコ店があります。パチンコにうつつを抜かしていたら、日本人はダメになる、商売は儲かればよいというものではなく、世の中に貢献しなければなりません。それが私の持論です。そこで健全な娯楽を提供しなくてはならないと強く思いました。自然のなかで釣りをする、これはまさに健全な娯楽です。そうして最初に那須白河フォレストスプリングスの開業に至りました」

開業時、年間五千人の来場者を見込んでいたものの、なんと三万人もの人が来たといいます。その後、開成水辺や蔵王など四カ所で開業しました。こうしたビジネスもまた、それぞれの地域の観光振興につながっていることは間違いないでしょう。

ちなみに日経新聞・土曜版では「エンタメ！　何でもランキング」という記事を掲載しています。二〇一五年八月十五日の記事では「手ぶらで行ける釣り場」をランキング形式で紹介。那須白河フォレストスプリングスは見事一位に輝いています。

記事では利用者の声として、「自然豊かで、本格的なトラウト（マス）フィッシングが楽しめる」「『マスってこんなに引くの？』と驚くほど元気で型のいい魚を相手にできる」といった声を紹介しています。

愛知や鳥取に養殖場をつくる

それから林養魚場の取り組みで注目すべき点は、世界から最新機器を導入していることと、それを他社に販売していることです。世界最新の養殖機器やサケマス陸上循環濾過養殖プラントを販売する代理店業務を展開しているのです。

また、福島県だけではなく、近年は愛知県にプラントをつくって養殖業を行っています。そのときの経緯を林氏は以下のように振り返ります。

「二〇一一年、東日本大震災の福島第一原発の事故による風評被害で、福島産の食品がまったく売れなくなりました。そこで縁があった愛知県でも養殖場をやることにしたのです。

養殖場には、ノルウェーを視察したときに見つけた最新の循環濾過装置を導入しました。魚は水中で呼吸をするので、水には炭酸ガスが溜まります。また、魚の糞尿によりアンモニアも溜まる。それを浄化し、水中には酸素を加えます。そうして少ない水で魚を大量生産できる、世界最先端のプラントです」

現在、愛知県のプラントの生産量は年間二百五十トンにも上ります。

その後、鳥取県からも誘いがあり、林氏は快諾。年間六百〜七百トンもの魚を生産できる大きな養殖場をつくりました。

愛知県のプラントは次男、鳥取のプラントは三女の婿《むこ》が経営を担っているといいます。また、機械工学部を卒業した三男は、自動車メーカー勤務を経て鳥取のプラントの隣に養魚技術RAS施設をつくり、研究を続けています。鳥取のプラントの技術はハイレベルですがハイコストです。水産養殖業を振興するためには、ローコストのものをつくらなければなりません。そのための研究開発を続けているのです。

西白河郡と宮城県の養魚場では、従業員が十数人います。ところが愛知県や鳥取県は最新のプラントなので、一人で管理できます。出荷するときに援軍として一～二人が手伝うだけで済むそうです。少人数で大量の魚を生産できるようになれば、間違いなく今後の養殖業を支える技術になることでしょう。

林養魚場には、「メイプルサーモン」という独自ブランドがあります。これはカナダ・ブリティッシュコロンビア州のカムループス地方原産のニジマスを日本で初めて発眼卵《はつがんたまご》で空輸、その後自社の養殖施設で孵化《ふか》・育成したものです。

林氏によると、メイプルサーモンは卵から販売する約三キロの大きさに育つまでの歩留《ぶど》まりが三割～三割五分だといいます。残りの約七割は病気にかかったり、鳥に食べられたり、水害で流されたりしてしまう。生産コストが高かったのです。

ちなみに天然となるとさらに大変です。川で孵化して海に出ていき、三年後にまた川に戻ってきて産卵します。一匹の雌《めす》が産卵する数は約数千個。そのうち無事に育つのは基本的に二匹、多くても二・五匹です。

ところが鳥取のプラントが完全に稼働するようになると、歩留まりは八割五分~九割に上昇します。プラントで養殖すれば事故がなくなるからです。つまりメイプルサーモンの生産もまた、利益率を高くすることができるということです。

鳥取でプラントをつくった際に、林養魚場は循環濾過の養殖システムの統括的な特許を取得しました。そのため様々な企業から協業などの誘いがあるそうです。

魚の養殖が拡大する世界、縮小する日本

酪農や畜産の王国であるデンマークも、魚の養殖に力を入れています。デンマークに限らず、世界的に魚の養殖は爆発的に伸びています。ところが、日本では完全に低迷しています。林氏は以下のように語ります。

「養殖業の見本市に来ている日本企業はほとんどいない。世界から百五十社ほどの会社が集まっているにもかかわらず、日本企業は一社参加している程度。完全に殻に閉じこもって、日本は水産王国だと慢心しているようです」

林氏はデンマークだけでなく、ノルウェー、フィンランド、ドイツ、イギリス、イスラエル、

アメリカ、カナダなどを回り、各国の養殖場を視察しました。各国とも日本よりも進んでいたため、林氏は愕然《がくぜん》としたそうです。

また、近年ベトナムの養殖業が繁栄しています。ベトナムには年間五十万トンものナマズを生産している企業もあります。ちなみに日本のサーモンの生産量は、天然と養殖を合わせて二十万トンなのでスケールが違います。

また、ロシアやポーランド、エクアドルではティラピアの養殖を行っているそうです。ティラピアは様々な環境に適応できる魚ですが、寒い地域には生息していません。ところが冬は〇℃を下回るロシアとポーランドでティラピアを養殖している。それはエネルギーのロスなのではないかと、林氏は現地の人に訊《たず》ねたといいます。しかし、そんなことはないそうです。養殖で使う水が少なくていいので、魚が呼吸すると水温が上がる。あとは酸素発生器で酸素を入れれば、その余熱で十分に水温が上がるのだそうです。つまり寒いエリアで温暖な地域にすむ魚の養殖も不可能ではないということです。やはり魚の養殖業には無限の可能性があるのです。

ところが、日本で魚の養殖は減少しています。

先述したとおり、富士宮市や松本市は内水面養殖業が盛んで、ニジマスの主産地でした。最盛期には五十件ほどの養殖場がありました。ただ、五十件もあると組合ができ、国から補助金が支給されるので、経営が楽になります。すると魚を売るのは他社に任せて共同で出荷することになる。以前はそれでも儲かったのです。十七～十八年前にはニジマスの生産量は二万トンほどありました。

ところがいまは六千～七千トンまで減少しました。その理由は、骨の処理が面倒だし臭いからと魚を避ける人が増えたことも大きな理由です。また、牛肉の輸入自由化によって、アメリカ牛が安く買えるようになりました。以前は高価だった牛肉が、ニジマスよりも安くなったのですから、養魚場の生産量は減少しました。

鯉の養殖は七～八年前は約五万トンでした。ところがいまは二千トンまで減少しています。

ただ、日本の食料を安定的に確保するためにも、輸入肉に頼るのではなく、魚の養殖業や魚《ぎょ》食《しょく》文化を守り、より活性化させなくてはならないと考えています。

⑤日本きくらげ株式会社／取締役社長・山田正一朗氏

きくらげ生産はスマート農業の象徴に

活構研に参加する企業の取り組みは、いずれも地方活性化につながっています。山田正一朗氏

富士山の麓にある日本きくらげファーム

が取締役社長を務める日本きくらげ株式会社は、まさにその代表的存在です。同社はきくらげの栽培システムを独自に開発し、きくらげを生産する農場をフランチャイズ化、さらに販売事業も行っています。

まずは、日本きくらげが設立された経緯や具体的な事業について解説します。

山田氏がきくらげに携わるようになったのは、農事組合法人日本きくらげファームとの出会いがあったからです。同ファームは、二〇一〇年に富士山の麓《ふもと》で農家を営む熊谷明男氏が立ち上げました。熊谷氏は国内最高品質のきくらげをつくってきた人物です。

山田氏は二〇一六年から熊谷氏のきくらげファームをサポートするようになり、ファームで収穫したきくらげを拡販するために、二〇一七年に日本きくらげを設立しました。

日本きくらげという社名について、山田氏は以下のように語ります。

「弊社が扱うきくらげは日本古来の固有種です。また、このきくらげは無農薬で育てる安心・安全な食材です。だから私は日本きくらげと命名しました」

同社を発足させる以前、山田氏はＩＴ業界で働いており、企業コンサルタントも行っていました。農業は今後、ＩＴやＩｏＴ（モノのインターネット）の技術がどんどん導入されます。いわゆる「スマート農業」です。分かりやすい例でいえば、農産物を育てる際に、ネットに通じた機械が自動的に水や肥料を与えるという時代に突入するのです。山田氏もこういった時代の流れをよく理解しています。

ただ、零細農家は最新システムを導入するために、何億もの予算をかけることができません。ＩＴやＩｏＴの技術を導入するのは、資本力がある大企業ばかりになるでしょう。そこで山田氏は、一年中生産できて、コストがかからず、加えて零細農家が新たに始められるもの、あるいは兼業農家が片手間で生産できるものは何かと考えたのです。そしてその答えがきくらげでした。後述する「栽培パッケージ」という未来型のハウスなら、それが可能になります。

未来型農業は栽培パッケージで

熊谷氏は富士山の麓で、栽培パッケージできくらげの栽培を行っています。富士山の麓は山岳

一年を通じてきくらげの生産を可能にした栽培パッケージ

地帯なので天候が不安定です。風が強く、近年は豪雨も多い。だから栽培パッケージできくらげを生産しているのです。それを見た山田氏は、これこそが未来型農業だと閃《ひらめ》きました。

ただ、熊谷氏はＩＴやＩｏＴのことが分かりません。だから真冬には生産できなかったといいます。そこで山田氏のノウハウを活用しました。ＩＴとＩｏＴの技術で管理することで、その日の状況を把握、いつでもどこでも理想の環境を作り出すことができました。

現在、全国十カ所にファームがあり、今後さらに五つ増えることが決まっています。これまできくらげを少し生産していたという農家も、栽培パッケージを購入して始めれば、一年中生産できるようになります。

栽培パッケージがあれば、雪が降っても嵐になっても問題ありません。栽培パッケージは、四方の壁と天井と床の六面すべてが守られているからです。

またビニールハウスは土の上に建てますが、栽培パッケージは土の上に置くだけです。そのためクレーンで移動することも可能です。

農業は天候や災害などに左右されます。ところが栽培パッケージならそれがない。また、一度購入すれば十～二十年はもちます。栽培パッケージによって、日本の農業の安定化に貢献できると考えています。

現在、十カ所のファームに合計三十個の栽培パッケージを設置しています。フルで生産すれば、収穫量は生で年間百二十～百五十トンになります。これは国産きくらげの市場で最大の生産量です。ちなみに五トン生産したら、二千五百万円の売上になります。

国産と中国産は似て非なるもの

きくらげについて非常に驚いたことがあります。それは私たちが考えている以上に、きくらげの消費量が多いということ。乾燥きくらげは、なんと年間二万四千トンも消費されています。しかし残念なことに、その大半が中国産です。国内で流通するきくらげの九六～九七％は中国産なのです。

確かにきくらげというと、中華料理に使う食材だと考える日本人が大半でしょう。ところがきくらげは、古来、日本人に親しまれてきた食材です。だから山田氏は、日本人のきくらげに対する誤解を解き、国産のきくらげを広めたいと考えています。

とはいえ、中国産のシェアを奪おうという考えはないようです。中国産と国産のきくらげは、完全に別物だからです。

まず中国産と国産では、価格がまったく違います。乾燥きくらげの場合、国産は五～八倍ほど高くなります。また、サイズも大きく分厚い。味付けが濃い中華料理で、わざわざこのきくらげを使う必要はありません。

日本のきくらげは中国産とは違い肉厚で和出汁に最適。生でも美味しくいただける

山田氏はポリシーとして、きくらげを中華料理の食材としては売らないことにしています。例外は一部の高級中華料理店だけです。やはり中華料理よりも和食に合うからです。だから同社は日本料理店

をメインに、フランス料理店やイタリア料理店などに卸しています。

日本の食材ならタケノコに近い存在で、刺身やお吸い物、和出汁《わだし》に最適です。あるいは洋食にもよく合い、西洋の食材にたとえるなら、ポルチーニのような位置づけだと考えているといいます。

生のきくらげを扱うお店は少なく、乾燥きくらげばかり流通しています。それは中国でも同じです。しかし無農薬で育てたきくらげは安心・安全で美味しい。キノコは生では食べられないという人もいます。それは育て方に問題があるからです。収穫から時間が経つと雑菌が繁殖するため、洗ったり加工したりする必要はあります。きちんとした環境で育てれば、きくらげも生で食べられるのです。

昨今、和牛やイチゴなど日本産の農畜産物が世界を魅了しています。これと同じことを山田氏はきくらげでやろうとしています。

山田氏が目指しているのは、クールジャパンの農産物の一つとして、国産きくらげを世界に届けることです。周知活動は日本きくらげが担っており、テレビや雑誌などのメディアにも積極的に出ています。また、いまは三越《みつこし》・伊勢丹《いせたん》などの食品売り場でも売っています。

雪国でも一年中生産できるシステムづくり

山田氏は日本きくらげを立ち上げる前に、仕事で地方を回る機会が多かったそうです。

冬になると、北海道や東北などの寒い地域では、大半の農家は農業をやっていません。雪が積もるからです。そのため冬のあいだ旦那は雪かきのアルバイト、奥さんは食堂やスナックでアルバイトをするという農家も少なくないのです。

そういった事情を知った山田氏は、雪が積もる地域でも、一年中農業ができる環境を整備したいと考えるようになりました。とはいえ、既存のビニールハウスでは不可能です。

ところが栽培パッケージなら、それが可能になるのです。きくらげの場合は一人でも育てられるため、例えばアルバイトをしながら栽培することができます。あるいは予算に余裕があり、栽培パッケージをたくさん設置すれば、二人で一年中きくらげを生産することも可能でしょう。

山田氏は、将来的には栽培パッケージのフルオートメーション化を目指しているといいます。ただ、現状では二つ問題がある。この点について山田氏は以下のように説明します。

「一つ目の問題はコストが上がること。完璧なオートメーション化をするとなると、どうしてもお金がかかってしまうことになります。

二つ目は、きくらげの栽培は職業になるわけです。だから手作業で済むことなら無駄にお金をかけたくないでしょう」

確かに栽培パッケージさえ購入すれば、新規就農者の人もきくらげを生産できます。栽培パッケージの中の棚に菌床《きんしょう》を並べて水をかける。あとは育ったら収穫する。何度か収穫したら、菌床を入れ替えてまた育てる。それの繰り返しです。

菌床を栽培パッケージの中に並べたら、一回目の収穫は約四十日後、二回目以降は約二〜三週間後に収穫できます。年に九〜十回収穫することになります。

ボランタリーチェーンが農家を支える

農業を営むにあたって問題になるのは物流コストです。日本きくらげでは、原則的に地産地消を掲げています。ただ、生産したきくらげがすべて売れるとは限りません。そこで山田氏のネットワークを活用する。きくらげを必要としている人に売るのです。

栽培パッケージで一年中きくらげが収穫できるとはいっても、毎日できるわけではありません。しかし、各ファームには一年中顧客から注文が届きます。そこであるファームが収穫して、すべて販売した直後に大量の注文があった場合、別のファームから購入する。そうすることでこのファームは、一年中きくらげを供給できることになるのです。

このように山田氏はチームをつくっています。また、端物《はもの》などの二級品ができたときは、日本きくらげが安く購入して、加工食品に用いています。

以上のように、農業における互助会のようなボランタリーチェーンを展開する。そうすれば生産したきくらげを無駄にすることなく、皆で稼ぐことができるでしょう。

互いに支え合いながらチームとしてやるには、生産量が多くなくてはなりません。だからこれまでは大企業だけチームづくりが可能でした。しかし、きくらげなら栽培パッケージさえ購入すれば、誰でも手軽にできます。

また、農業を始めたいと考える人もいますが、素人《しろうと》がゼロから始めるのは難しいはずです。しかしきくらげなら、少しいいグレードの新車を一台買うくらいの予算で始められます。将来的に認定農業者の資格を取得したら、農地も購入することができる。その一歩として、山田氏は農業を始めるフィールドをつくり、農業を広めていっています。

私は山田氏の取り組みこそ、地方を活性化させると感じています。私が活構研でやろうとしていることに近いのです。近代農業を実現させることこそ、農業を通じて地方の活性化につながるからです。

現在、きくらげ農場があるのはいずれも地方です。つまり日本きくらげの事業は、地方に新しい雇用の場を生み出していることになります。

地方はどこも疲弊しており、若者がいない、山田氏もそう考えています。農村出身の人も大学や就職を機に都会に出て、その後故郷に戻ってきても農業を始められません。理由は簡単で、農業を継ぐと両親の借金も引き継ぐことになる。銀行や農協、信用組合は土地に担保をつけているため、土地を引き継ぐと借金も引き継ぐわけです。ところがきくらげの生産なら、栽培パッケージさえあれば独自で始められます。将来儲かってから土地を買えばいい。つまり農村出身の人が故郷に戻ったときに、始めやすいというわけです。

また、ＩＴ業界にいたころからのつながりで、いくつかの自治体にも声をかけているといいます。

地方自治体の首長の多くは、農業を活性化させたいと考えています。ただ、農業の新規参入には障壁があり、大企業が投資しても何か問題があると撤退するケースが多いのです。そんな現状を見た山田氏は、自分自身で新しく農業を始める、その仕組みをつくったのです。

もともと他の業種にいた山田氏だからこそ、業界全体を俯瞰《ふかん》して、いままでになかった取り組みをしているといえるでしょう。

⑥一般社団法人S・I・Net会／代表理事・松尾信弘氏

なぜ民間のヘリが重用されるか

活構研の会員は農林水産業を営む企業だけではありません。地方創生の志を掲げる他業種の企業も参加しています。その一つが一般社団法人S・I・Net（エスアイネット）会です。

S・I・Net会は、ヘリコプターの運航事業を行っている団体で、観光振興と防災の分野で地方と関わっています。近年、日本では地震や豪雨などの災害が頻発しています。同会は被災した地域で、救援や復興の面で大きく貢献できると、私はそう考えています。

同会が発足したきっかけは、二〇一一年三月十一日の東日本大震災でした。この点について、同会代表理事の松尾信弘氏は以下のように語ります。

「地震で被災地の道路が陥没したため、救助隊や物資の運搬には空路を使うしか手段がなく、自衛隊や警察はヘリコプターを活用しました。ただ、震災時に被災地でヘリコプターを飛行させる際には、優先順位があります。例えばドクターヘリの場合、国立病院の要請が優先され、民間の病院は後回しになります」

東日本大震災のときには、被災地の民間の病院から、ヘリコプター会社に飛行の依頼が相次ぎました。後回しにされた病院が、藁《わら》にもすがる思いで依頼してきたのです。ヘリコプター会社は、物資を被災地に届けることになりました。

「そうした状況を踏まえて、ヘリコプターの活躍の場があるはずだという思いを抱き、S・I・Net会を発足させました」(松尾氏)

災害大国・日本では、いつ大災害が発生してもおかしくない。だからこそ、S・I・Net会は日本に欠かせない団体なのです。

災害時のヘリの有効活用

これまでS・I・Net会は、ヘリコプターの遊覧飛行イベントを開催してきました。イベントについては後述しますが、こういったときに飛行させるのは、主に米ロビンソン社のR-44という四人乗りの小型ヘリです。現在は自社でヘリコプターを七機保有しており、遊覧飛行イベントを開催しています。

R-44は全長約九メートルで、プロペラが二枚ついています。自衛隊や警察など公用のヘリコプターは、たくさんの物資を一度に運べる大型ヘリを多く採用しています。それに対して、R-44は自動車でたとえるなら軽自動車に該当し、上空で小回りが利きます。また、大型ヘリは

S.I.Net会が所有する米ロビンソン社のR-44

着陸するときに広いスペースが必要になりますが、小型ヘリなら十二メートル四方のスペースがあれば十分です。

被災地には瓦礫《がれき》が散乱しているものです。大型ヘリだと、離着陸時に瓦礫を巻き散らしてしまう恐れもありますが、小型ヘリならその心配も減ります。

だからこそ、災害時に小型ヘリコプターは有効活用できるのではないか、災害が増えている日本で、民間だからこそできることがある、そういう思いでS・I・Net会は震災対応に役立つ態勢を整えています。

現在、S・I・Net会は五つの自治体と防災協定を結んでいます。最初に締結したのは岐阜県白川村です。もし協定を結んだ自治体で災害が発生した場合、要請があれば物資を運ぶことになります。

また、上空から被災地の状況を視察することも可能です。実は災害時に上空から視察することは大切だといいます。

二〇一九年九月、Ｓ・Ｉ・Ｎｅｔ会が防災協定を結ぶ千葉県いすみ市で、遊覧飛行イベントの予定を組んでいました。ところがその一週間前に台風十五号が関東地方に直撃、千葉県を中心に甚大《じんだい》な被害をもたらしました。

Ｓ・Ｉ・Ｎｅｔ会はイベントの中止を打診したそうです。ところがいすみ市側は、予定どおりイベントを開催してもらいたいという。そこで、せっかくヘリコプターを飛ばすのだからと、同市の防災課の課長に「上空から被災状況を確認しませんか？」と打診しました。そうしてイベント当日に上空から市内を視察したのです。視察を終えた課長は「大きな被害がないことが分かりました。上空から見ると状況がよく分かるのですね」と喜んでくれたそうです。

このように、ヘリコプターは災害時に救援物資を運んだり、被災者を救助したりすること以外にも活用方法があるのです。

ヘリ遊覧が新たな観光産業に

現状、Ｓ・Ｉ・Ｎｅｔ会は防災を第一に考え、各自治体との防災協定の締結に向けて動いています。ただ、災害はいつもあるわけではないので、平時にもヘリを活用できないかと考えているといいます。ヘリを観光振興の武器にするということです。

同会は二〇一九年、大阪府堺《さかい》市の仁徳《にんとく》天皇陵が世界遺産に登録されると、その直後の三連休に遊覧飛行イベントを開催しました。これは地元・堺市の要望も多くあったようです。仁徳天皇陵の周りを歩いても、前方後円墳《ぜんぽうこうえんふん》の全景を眺めることはできません。全景は、上空からしか見られないのです。いざ仁徳天皇陵で遊覧飛行を行ったら、堺市のほか、全国から多くの人が集まったのだそうです。

料金は六分の飛行で一人当たり五千円です。他のイベントに比べると安価な設定です。また、防災協定を結んでいる岐阜県白川村の上空でも毎年、遊覧飛行を行っています。白川村の村長からは、南部地域を活性化させたいという要望も受けているそうです。合掌造《がっしょうづく》りがあるエリアは、黙っていても観光客が集まってきます。ただ、南部地域には、そこまで観光客は来ません。とはいっても、平瀬《ひらせ》温泉や御母衣《みぼろ》ダムなど隠れた名所があり、秋には綺麗な紅葉を楽しめます。紅葉を上空から見れば、また違った魅力を感じられることでしょう。村民にも遊覧飛行を安価で楽しんでもらったようです。

それからすでに述べたとおり、二〇一九年九月に台風十五号が関東地方を襲った直後に、いすみ市の朝市の会場の近くでヘリコプターの遊覧飛行を行いました。この日のことを松尾氏は以下のように振り返ります。

「いすみ市では毎週日曜に大原漁港で港の朝市を開いています。また、夏場になると伊勢海老の

松尾信弘氏。左は白川村長の成原茂氏

漁が解禁されるので、イセエビまつりも開催しています。すると市外の方が集まってきて、伊勢海老のバーベキューを楽しめるほか、魚や干物を買ったり食べたりできます。

私たちはこのイベントに合わせて遊覧飛行を開催しました。海岸沿いには人間魚雷・回天《かいてん》の基地があり、潮が引いたときでなければ見られません。上空からだとそれが見られるので、ヘリに乗った地元の方に、初めて見ることができたと喜んでもらえました」

近年、日本政府はインバウンドに力を入れて、実際に外国人観光客が急増しました。人を呼びたいという思いは、どこの自治体も抱いています。S・I・Net会が二〇一九年に遊覧飛行を行った際に統計を取ったところ、地元の人よりも観光客が利用したのだそうです。ヘリはやはり珍しいもので、乗ったことがないという人が多い。だから多少お金はかかっても、乗ってみたい

と考える人がいる。上空から絶景が楽しめるのだからなおさらです。

松尾氏によると、飛行を終えた利用者は皆、ニコニコ顔でヘリから降りてくるのだそうです。感想を聞くと「鳥になったような気分だった」と喜ぶ人もいるといいます。値段以上の価値があるという人もいる。イベントを開催するたびに幸せな気分になると話しています。

堺市やいすみ市に限らず、地方には魅力的なエリアがたくさんあります。二〇二〇年は新型コロナウイルスの感染拡大で、訪日外国人は激減しました。しかし、新型コロナ感染が収束すれば、また外国人はこぞってやってくることでしょう。そのときにS・I・Net会はヘリで地方に貢献できるはずです。観光地での遊覧飛行は、間違いなく集客につながるからです。

目標は強固な救援システムの構築

S・I・Net会は、全国十五カ所にヘリを二機ずつ、合計三十機置くことを今後の目標にしています。これが実現できたら、全国どこで災害が発生しても、すぐにヘリで救援や物資の運搬などをすることができます。

なぜ十五カ所に二機ずつ配置するかというと、空を飛ぶヘリに何か不具合があると一大事になります。そのため、念入りな点検とオーバーホールが大切になる。自動車よりも大規模な検査が必要なのです。このオーバーホールは十二年に一度行い、新品に近い状態にします。一カ所に二機ずつあれば、いつ災害が起きても、少なくとも一機は対応できることになります。

これが実現すれば、積極的に活動できるようになるでしょう。そして災害時には全国どこにでも派遣する。また、平時には各都道府県の観光地で遊覧飛行をすることで、地方の活性化に貢献するのです。

松尾氏は防災に関して強い意識を持っており、防災協定を結ぶ自治体の防災訓練にも参加しています。千葉県いすみ市において、二〇一九年は二回開催され、土砂《どしゃ》災害と津波の避難訓練に参加しました。また、富山県小矢部《おやべ》市では、オブザーバーにはなりますが、防災フェスティバルにも毎年参加しているといいます。救助や救援物資の運搬にヘリは欠かせません。今後ますます需要が高まることになるでしょう。

⑦株式会社ノベルズ／東京事務所所長兼畜産販売統括・延与猛氏

規模拡大を続けるノベルズ

肉牛の繁殖や育成・肥育事業、酪農事業で急拡大しているのがノベルズグループです。北海道河東郡《かとうぐん》上士幌町《かみしほろちょう》に本社を構える株式会社ノベルズを中心とする同グループは現在、北海道内十カ所で牧場を運営、三万頭以上もの牛を飼養しています。

グループ内の従業員は、約五百人にも上ります。近年は、年間二千頭ほど牛が増えており、それに比例して従業員も増加しました。牧場スタッフ、管理部門スタッフは全国から広く採用しており、牧場の現場では二十～三十代の従業員が活躍、全従業員の平均年齢は三十四・五歳だといいます。新卒学生も毎年多く採用しており、大半は普通の大学を出た人で、農業大学や農学部を卒業した人は一部です。また、ベトナム人やミャンマー人の従業員も多く活躍しています。その多くは専門知識を有する高度人材で、正社員として活躍しています。

一般企業と同様に、向上心と実力があり、成果を出せば、年齢や経歴は関係なく評価、昇進できる人事制度がある点も同社の特徴です。

さて、二〇〇六年に設立されたノベルズグループは、この十数年で急速に事業を拡大しました。なぜそれが可能だったのでしょうか。

畜産農家というと肉牛では繁殖は繁殖農家、肥育は肥育農家、酪農は酪農家が担います。つまり分業が一般的なのです。

しかしノベルズは、これらをすべて並行かつ大規模に展開しています。もちろん、最初からすべて行っていたわけではありません。ノベルズの創業者で社長を務める延與《えんよ》雄一郎氏は一九七八

上士幌町にあるノベルズの本社と牧場。グループ全体で3万頭を超える牛を飼育している

年に生まれました。同年、氏の父・延與邦彦氏（現・株式会社延与牧場取締役）が上士幌町にノベルズの前身、延与牧場を創業しました。この時点では、牛が数百頭規模の小さな牧場でした。

当時の延与牧場の事業は、道内の家畜市場で生まれたばかりの子牛を買ってきて育て、肥育農家に素牛として販売することでした。つまり生後〇～九カ月の牛を育てる育成事業に専念していたのです。

ところが後を継いだ雄一郎氏が二〇〇六年にノベルズを立ち上げると、十数年で飼養頭数は三万頭に増えました。また、牧場経営に留まらず、飼料栽培、バイオガスプラントの運営、食品の加工・販売など様々な事業に挑戦しています。事業拡大とともに北海道・十勝《とかち》を中心に大きな雇用を生み、ひいては地方を盛り上げている企業なのです。

机上の空論といわれたビジネスモデルを現実に

では、なぜノベルズの業績はたった十数年で伸びたのでしょうか。そこには肉牛の革新的な生産モデルへの大きな挑戦がありました。

雄一郎氏は、ノベルズを立ち上げると「交雑種1産取り肥育」の事業化に挑戦したのです。この点について、雄一郎氏の弟であり、同社で東京事務所所長兼畜産販売統括を務める延与猛氏は、以下のように語ります。

「交雑種（F1）とは黒毛和牛とホルスタインを交配した品種のこと。このF1の雌牛に黒毛和牛の受精卵を移植すると、純血の黒毛和牛が生まれます。つまり、F1の雌牛のお腹を借りて、和牛の子牛を出産させるわけです。

そうして生まれた子牛は、九カ月ほど育てた後に肥育農家に販売し、一度出産した雌牛を肥育して食肉卸売事業者へ販売します。当社の場合は、一度出産した雌牛に独自のハーブ配合飼料を与えて長期肥育することで付加価値を付けて、自社ブランド『十勝ハーブ牛』として販売しています。つまり交雑種1産取り肥育とは、F1雌牛を借り腹に市場価値の高い黒毛和牛の素牛の生産・販売と、肥育したF1雌牛の食肉販売を並行して実現する効率的で優れた肉牛の生産システ

交雑種（F1）の雌牛。交雑種1産取り肥育で収益の二元化を実現

ムなのです」

先述したとおり、繁殖は繁殖農家、肥育は肥育農家といったように、肉牛生産ではそれぞれの工程にプロがいて、業務を分担するのが一般的ですが、市況の変化で相互作用を受けやすい面もあります。しかし、繁殖から肥育まで一貫経営を大規模に行えば、市場の変化にも柔軟に対応でき、経営の安定化を図れます。

また同社では、これまでの過程で黒毛和牛の受精卵の内製化・移植の研究、繁殖の研究にも取り組み、技術やノウハウを蓄積しているといいます。交雑種1産取り肥育の事業化は高度なノウハウを要するため難しく、机上の空論だといわれていました。しかし、同社では試行錯誤の結果、交雑種1産取り肥育の事業化に成功し、収益の二元化を実現しました。

さらに、二〇一一年に参入した酪農事業でもホル

バイオガス発電所。家畜排泄物をエネルギーに変えている

スタインに黒毛和牛の受精卵を移植し、同様の借り腹出産の仕組みで黒毛和牛の子牛を出産させています。つまり、酪農でも生乳生産・販売と、黒毛和牛の素牛の生産・販売という収益の二元化を実現しており、その規模は拡大しています。

会社設立当初から、雄一郎氏は和牛の繁殖農家が減少し、ひいては和牛の生産基盤、市場が減退することを危惧《きぐ》していました。だから強い思いを持って、交雑種1産取り肥育の事業化に挑戦したのです。そしてノベルズ設立から二年でこの生産モデルを確立させ、大規模な事業化を実現させました。会社をホールディングス化して、二〇〇九年には自社ブランド「十勝ハーブ牛」の加工・販売を行うノベルズ食品を設立。川下までの一気通貫の事業モデルを構築し、酪農事業も北海道最大規模の年間五万トンの出荷乳量を誇る事業規模、ギガファームへと成長しました。最近では黒毛和牛の肥育事業にも力を入れるなど、相互の事業の進化、シナジーを図りながら挑戦を続けています。

現在、ノベルズでは月間六百頭以上の黒毛和牛の素牛、九百頭以上の交雑種の肥育牛を出荷しています。家族経営などの小規模農家の出荷数はせいぜい月間一～二頭です。こうした大規模での事業運営が可能になったのも、交雑種1産取り肥育に始まる革新的な生産モデルの成功にあるのです。

循環型農業経済モデルの推進

畜産業の大規模事業者にとっての大きな課題の一つは、家畜排泄物の処理です。特に乳牛の排泄物は水分を非常に含んでいて、堆肥化処理が大変です。ノベルズではこの大量に発生する家畜排泄物を有効活用しています。二〇一七年に、この家畜排泄物を発酵させて、発生させたメタンガスを燃料にする「御影《みかげ》バイオガス発電所」を清水町《しみずちょう》の酪農牧場拠点の近隣地域で稼働させたのです。

現在、同発電所では搾乳牛三千頭分の排泄物二百トンから、七百五十キロワット(一般家庭一千世帯分)の電力をつくっています。発生した電力は、地域の電力会社へ全量売電しています。

ノベルズでは牧場内の固液分離機で一次処理をした家畜排泄物を、バイオガスプラント施設へ運び、発酵槽で一定期間、管理します。大量に発生したメタンガスはガス管を通じてコージェネレーターへ送られ、メタンガスを燃料にエンジンを運転して発電させます。

一方、発酵槽で生成され、滅菌処理された消化液をバイオガスプラント施設内の固液分離機にかけて液肥化し、デントコーン畑の優良な有機液肥として再利用します。そして、収穫したデントコーンは酪農牧場の牛の餌となります。

バイオガスプラントにかける意気込みを、延与猛氏は以下のように語ります。

「交雑種1産取り肥育という難しいとされた生産モデルにチャレンジして事業化を実現させたのがノベルズです。そして、さらに大きな取り組みとして、持続可能な農業の実現を目指し、循環型農業を推進しています。次の成長へPDCAサイクル（計画、実行、評価、改善）を続けるのがノベルズのスローガンなのです」

地域農家とウィンーウィンの関係を築く

ノベルズは事業活動を通じて、農地の付加価値を最大化することによって、地域全体の価値を高めたいという強い思いを持っています。

現在、日本の農業は国のセーフティネットに支えられていますが、ゆくゆくは自立できるような生産モデルを構築し、国際競争力を高めていくことが理想です。収益性を高める生産モデルを構築したノベルズでは、さらに得られた収益をもとに地域への還元を図っています。ノベルズは酪農事業で、デントコーン飼料の安定供給、生産コストの低下による収益率向上へ飼料の自社栽培を行っています。

一方で、十勝近辺の百戸以上の農家とデントコーンの委託栽培契約を結んでいます。現在では、自社農地と合わせて一千七百ヘクタール以上の農地に作付《さくつ》けしています。農家はノベルズの消化液も活用しながらデントコーンを作り、ノベルズは農家からデントコーンを購入して、酪農牧場の牛の飼料にします。これら一連の取り組みを、同社では耕畜連携による「地域共生」と呼んでいます。

ノベルズと農家のあいだでは、デントコーンを一括購入する契約となっているため、経営の安定に繋がるほか、畑作の輪作体系の改善にもつながります。

以上のように、同社は農家とよい関係を築いています。猛氏はこの点について以下のように語ります。

「自分たちだけでなく、地元の農家様と一緒に盛り上げていく、それがノベルズの考えです。なぜそのような考えに至ったかというと、酪農をやるうえで自給飼料と家畜排泄物の還元は必須なのです。とはいっても、自分たちだけで飼料を賄《まかな》うことはできません。だからこそ地元の農家様と手を取り合って一緒にやっていく、そう考えたのです。

ノベルズの前身である延与牧場は、牛が数百頭規模の小さな牧場でした。そのため私も社長の雄一郎も、裕福な家庭ではありませんでした。子供のころから疲弊する地方の惨状を、身をもって感じていました。そんな地方を元気にしたいのです」

農林水産省統計部の基幹的農業従事者の令和二年概数値によれば、農業に就労する人の平均年齢は六十七・八歳だといわれています。昨今、農業を志《こころざ》す若者が増えているとはいえ、まだまだ高齢者が多い。その理由が何かというと、やはり農業は儲からないという誤解があるからです。それは農家の子供たちも同じです。親が毎日畑仕事をしても生活は楽にならない。子供たちはそんな親の姿を見ているから、学校を卒業すると街でほかの仕事をするようになります。

やはり地域経済の活性化は自分たちが率先して行い、知恵を絞れば実現できるのだということを実証したい、そうノベルズは考えているのです。

新型コロナウイルスの感染拡大で、社会は混乱しています。多くの業界が危機に直面しているといえるでしょう。それは畜産も同じです。ただ、そんな状況でもノベルズには悲観的な考えなどありません。なぜなら創業してからの十数年、挑戦と苦境の連続でした。

先述したとおり、同社の基幹モデルの交雑種1産取り肥育は机上の空論といわれていました。同じ業界の人からは無理だといわれていたにもかかわらず、それを大規模な事業化ベースで実現させたのです。

ノベルズはアグリ・ベンチャーです。会社はまだ十四歳の会社で、牧場現場の役職者もリーダー格もほとんど三十代です。猛氏はこう語ります。

「ベンチャーゆえ、まだまだ組織として足りない部分はあるかもしれません。でも、向かっていくベクトルが一つになっているのは強い。社内の人だけでなく、同じ業界の人、同じ地域の人と共生していこうという気持ちがあります」

ノベルズは未来に明るい希望を見出しているのです。今後も要注目の企業であることは間違いありません。

第3章

地方創生の鍵を握る十二社

活構研会員には、今後の日本をリードする注目の企業がまだまだあります。どの企業も、新しい技術やビジネスモデルを掲げています。

そこで本章では十二の企業の代表者に、現在どんな事業を展開しているのか、また活構研での活動を通して何を実現させたいのか……。さらに地方創生に対する思いやウィズ・コロナの時代にどう向き合おうとしているのかについて、それぞれの思いをお聞きしました。

①一般社団法人地域再生医福食農連携推進支援機構／理事・事務局長　伊藤譲氏

本田　一般社団法人地域再生医福食農連携推進支援機構（以下、支援機構）はどのような活動をする団体なのでしょうか？

伊藤　医療・福祉・食事・農業を産官学連携で事業化するための活動をしています。現在、関東地区の大学と提携して、研究と事業化のためのチーム組織を立ち上げました。

最近は全国の病院や在宅の患者さん、または健康な方を対象に、腸内細菌叢に的を絞った食の開発と提供を行って、健康づくりを図るというプロジェクトを続けています。このチームは日本病院会の相澤孝夫会長と梶原優監事に相談役としてご参加いただいております。また医師と管理栄養士の新しい分野の取り組みなので、産業栄養指導者会の本間鄙子理事にもご協力をいただだいています。

産官学の共同研究と食品開発を行い、生産から流通や消費までサポートしていきたいと考えています。いずれは食と健康づくりを通して、地方を再生することを目標にしています。

本田　活構研には特に食や農業の分野に精通する会員が多くいます。そうした会員とのつながりを持つのも、活構研に参加された理由の一つですね？

伊藤　そのとおりです。支援機構の専務理事を務める伊藤仁一氏からも活構研の話を伺っていました。

本田　伊藤仁一氏とは四十年来のつき合いになります。

伊藤　活構研のことはずっと頭の片隅にありました。支援機構の活動が具体化してきたので、タイミングとしてはいいかなと思い参加させていただきました。

本田　支援機構を立ち上げ活構研にも参加された。やはり地方を活性化させたいという思いがあったのですか？

伊藤　私は農業従事者の高齢化と農村の過疎化《かそか》を危惧《きぐ》しています。それから地方にはアイデアがあっても事業化に至らない自治体が多いともいえます。ＩｏＴ技術の発達や通信環境の激変によって、地方であっても市場に求められるものが情報としてちゃんと届いて、そこでしかできない機能性の高い生鮮食料品を作ってもらう。そのなかで私たちが病院の医師の協力も得て、個人個人に合わせた体にいい食事を提供していく。食から健康を育てていくという思想です。コンスタントに届ける仕組みがきちんと整えば人は戻る。地方はまだまだ元気になれると信じています。

近い将来、医療サイドの要望に沿った、体にいい生鮮食料品の研究・開発などを、活構研の会員と協力しながら行いたい。いずれ地域ごとの食品をブランド化して付加価値を高め、六次産業化に貢献できる活動にも参加したいと考えています。

本田　活動を通じて地域の食品の付加価値を高める、それは素晴らしいです。例えば薬用植物です。これを日本の農業の一つの発展分野として研究できたらいいですね。

伊藤　本当にそう思います。私たちのチームには、大手企業が何社も参加してくれています。健康食品を扱っているのは主に食品メーカーであり、全国的な流通経路を整備している。だから協力をお願いしました。

いま続けているのは、ある食材を粉にして体に吸収したあと、腸内の細菌叢《さいきんそう》がどうなるかという実験です。例えば、ある町の海岸で採れた海藻を粉末にして食べたときに体にいい影響があって、そこにエビデンスができたら、それが付加価値となり、その町の産業になり得るかもしれない。また、大学の先生たちとＩｏＴを活かした新しい仕組みづくりを、そして先述した大手企業にもお願いして生産や流通体制をつくっていきたいと考えています。これは、国の健康・医療戦略推進本部の進めている方向性とも合致《がっち》します。食を通じて健康な人を増やしていくことで、医療費の削減や、社会保障費圧迫の解消にも寄与できると思います。

②株式会社トゥー・ワンプロモーション／営業部副部長・両角拓也氏

本田　トゥー・ワンプロモーションは人材派遣会社です。具体的にどのような業務をしているのですか？

両角　一九九一年に設立した弊社は、本社がある静岡でイベントの運営・警備業務を行っています。例を挙げるならJリーグの清水エスパルスの試合や子供向けのイベントを開催するときに、会場スタッフや警備員を派遣しています。

　その他、広告の企画や制作、売上増進や顧客の獲得・拡大を目的とした戦略を展開するセールスプロモーション、各種ショーの音響や照明など、幅広い業務を担っています。

本田　県外に人材を派遣することもありますか？

両角　東京にもオフィスがあり、中山競馬場や東京競馬場の警備を担当しています。

本田　二〇一七年のＮＨＫ大河ドラマ「おんな城主　直虎《なおとら》」の撮影にも協力したでしょう？

両角　浜松で撮影が行われた際にスタッフを輸送しました。

本田　ただ、二〇二〇年から新型コロナの影響でイベントが開催できない状況が続いています。

両角　コロナ禍では、静岡県が持続化給付金の申請サポート会場を県内十六カ所に設置しました。弊社はその大半の会場で運営を担いました。イベントが開催できなくても、こういったかたちで社会に貢献できると実感することができました。

本田　仕事やプライベートを通じて、以前より地方が低迷していると感じることはありますか？

両角　静岡にいると、街なかから人が減っているように感じます。百貨店が閉店したり、商店街にも閉店した店舗があったりと、活気がなくなっているようです。

しかし東京に目を向けると、コロナ禍でリモートワークが増えて、自然豊かな地方への移住を考える人が増加しています。山梨や長野、静岡などは都心からのアクセスがよく、こういった人から注目をあびているので、静岡を盛り上げるチャンスが到来しているといえます。

本田　新型コロナで社会が混乱、低迷していますが、この状況で御社はどんなことができるとお考えですか？

両角　イベント業界は危機的な状況です。ただ、コロナ禍だからこそ新たに生まれた仕事もある。弊社も業態分野を幅広く担っている特性を活かして、新規分野に参入していきたいと思います。

また、コロナが収束したら必ずイベント業界は盛り上がるはずです。そのときには、静岡にしかないものや、静岡でしかできない体験を盛り込んだイベントを開催したいと考えています。他県からの集客が期待できるからです。静岡は「食の都」「花の都」「茶の都」と呼ばれるほど、農林水産が豊富な地域です。この静岡の魅力を県内外に発信する機会をつくり、盛り上げていきたいのです。例えば地元の生産品や加工品を使ったクッキングコンテスト、あるいは村おこし祭など、弊社の企画力・人材力を活かして考えていきます。

また、人材派遣の観点でいうと、農業に興味があるけど始め方が分からない人を援助する。あるいは農業を体験してみたいという人に、短期で農業に携《たずさ》われるよう農家を紹介する。さらに、繁忙期の農家に人材を派遣できる体制を整備したいと思います。

③株式会社恵和ビジネス／営業本部　東京営業部・佐藤英之氏

本田　恵和ビジネスは印刷会社で、近年は事務処理の代行業を行っています。資料の作成と発送、あるいは回収したデータの集計や分析をしています。近年は年金センターの仕事も受注していると聞いています。具体的にどんな仕事をしているのですか?

佐藤　弊社は札幌で印刷会社として創業。二〇二一年で六十二期を迎えました。会社設立当初は印刷業務に専念していましたが、近年はデータ入力やシステム開発なども行っています。

現在、札幌本社には三百人の社員が勤務しており、そのほとんどが北海道出身です。また、東京にも営業部があり、現在九人在籍していますが、そのうち五人が北海道出身です。

本田　活構研に入会されたきっかけは何でしょうか？

佐藤　父と本田会長が旧知の仲だったということが大きな理由です。それから弊社は札幌に本社があり、首都圏にも営業所があります。ただ、首都圏には顧客が少ないので、横のつながりをつくりたいと思ったことも理由の一つです。

印刷やデータ入力の業務が多いため、農業に従事する人との関わりは少ないのですが、最近は全国農業共済組合から請求書の印刷の仕事をいただいています。

本田　行政の手間隙《てまひま》がかかる業務を恵和ビジネスに代行してもらうかたちになればいいですね。

佐藤　様々なかたちで貢献できると思います。

本田　北海道と東京を行き来していて、地方の低迷を感じることはありますか？

佐藤　やはり地方では商業施設からお店が撤退しているし、東京と比べると求人が少ないと思います。また、弊社は札幌の地場企業として北海道で業務を受注していますが、業務の規模を考えると、東京一極集中の状態なのだと強く感じます。

そのような状況下では、雇用を生むことこそが、地元に対する貢献だと思います。また、札幌本社では盲導犬チャリティーの一環として、毎年、北海道盲導犬協会とコラボしてカレンダーを制作、売上の一部が寄付されるという取り組みを行っています。それから本社屋上には養蜂場《ようほうじょう》があり、ハチミツを生産して、お客様に配付しています。

とにかく地元に貢献するという思いを強く持っています。

本田　新型コロナで社会が混乱、低迷しています。この危機的状況をどう捉《とら》えていますか？

佐藤　コロナ禍では札幌市から依頼を受け、定額給付金の通知書の作成のほか、氏名や振込先情報の入力業務、そしてコールセンターでコール業務も行いました。スピーディーに業務を遂行したので、政令都市のなかで最初に給付を行ったという実績を上げることができました。このピンチに打ち勝ち、業務の規模を拡大すると同時に、北海道を元気にしたいと思っています。

④メディアブリッジ株式会社／代表取締役CEO・辻茂樹氏

本田　メディアブリッジの具体的な業務を教えてください。

辻　弊社は設立して八年になる輸入会社です。もともとはガジェットと呼ばれる、未来を感じる電子機器を輸入していました。現在は新型コロナに関連するもの、例えば抗体検査キットや抗原検査キットなどを積極的に輸入して、医療機関や企業に卸しています。

本田　医療関係の業務をされている辻さんが、なぜ活構研に入会されたのでしょうか？

辻　二〇一九年に農業に興味を持つようになったからです。仕事ではなく、個人的に興味を持ちました。それと同時に地方に目を向けるようになりました。私が強い危機感を抱いたのは、地方には次の担い手がいないことです。そのような自治体では、周辺にいる農家が農地を広げています。そのため町の人口は減少して経済が低迷しているにもかかわらず、農業の収益が上がるという不思議な現象が起きています。

二〇二〇年には新型コロナの感染拡大によって、一次産業を重要視する人が増えました。また、都市部での生活にリスクを感じて、地方に移住して農業を始めるのを選択肢の一つとして考えている人も少なくない。そこでこういった人々に、農業のことを分かってもらいたいと考えています。さらに重労働ではない農業、あるいは儲かる農業が何なのかを独自の目線で研究しています。

本田　具体的にどんなことをされているのですか？

辻　農水省から補助金をいただき、二〇二〇年十一月には北海道網走《あばしり》郡の大空町《おおぞらちょう》にあるカボチャ農家に農業研修に行きました。研修では農作業だけでなく、新規就農者に対してどういう援助があるのか、農協からどういう融資があるのかといったことも学びました。

それから株式会社Ｄ＆Ｔファーム・取締役技術責任者の田中節三《せつぞう》氏が生んだ「凍結解凍覚醒《かくせい》法」という技術に注目しています。同社のウェブサイトでは、この技術を以下のように説明しています。

〈種子の休眠性を打破するために、氷河期の凍結・解凍現象を人工的に再現する新しい処理方法です。種子や成長細胞をマイナス60℃まで緩慢《かんまん》に冷却し、ストレスを与えることで環境情報がリセットされ、解凍の過程で環境順応性や成長速度などに関与する遺伝子の発現が行われます。

遺伝子変異やゲノム編集に依存することなく、既存の植物の生産性を向上させる革命的な技術

です〉

まだ解明されていない部分もありますが、様々な作物で実証実験を行っています。

本田　田中氏は凍結解凍覚醒法で、皮まで丸ごと食べられる「もんげーバナナ」も開発しましたね。どうやってこの技術と知り合ったのですか？

辻　私の知り合いが助手のようなかたちで田中氏の事業に協力することになり、話を聞いたからです。非常に興味深く、岡山のD&Tファームを視察しました。

本田　辻さんが農

業のことを真剣に考えていることがよく分かりました。

辻　昨今、ＩＴ企業などを中心にリモートワークを推奨する動きがあります。出社しなくてもいい時代になりつつあるので、地方での生活を望む人もいる。そういった人を地方に招き入れて、会社員としてオンラインで働く傍《かたわ》ら、副業で農業をやるというライフスタイルを提案したいのです。

本田　まさに「半農半X」ですね。リモートワークの時代になったいまこそ、仕事と併せて農業を営む。そのような事業形態と生活形態がコロナ後に定着するはずです。

辻　いまの最先端の技術なら、作物をオートメーションで管理できます。だから農業従事者の負担を減らすこともできるでしょう。

本田　人々が地方に移住しやすい環境が整った。だから過疎地に人を送ることも大切です。

辻　そうですね。単に農地が余っているというだけでなく、各自治体には若者が移住したくなるような魅力も必要です。魅力的な観光資源があったり、サーフィンができたり、そういったプラスアルファの要素です。

それから活構研には、ビジネスモデルが定まったときに、新規就農者とのパイプ役や、農業を勉強する場を設けてもらうことを期待しています。

⑤合同会社EARTH21／代表社員・川城剛氏

川城　EARTH21は父が立ち上げた会社です。私は代表社員を務めています。現在、千葉県いすみ市の畑でジャガイモを栽培しています。まだ規模は小さいですが、徐々に生産量を拡大して、販売を促進していきたいと思っています。

本田　御社の四反《たん》ある畑で、シオンテクノロジー（詳細は第4章で解説）の実験を続けていますね。

川城　鳥獣の実験を行っています。私たちは有機農業を行っているので、野生の猪《いのしし》に畑の作物を食い荒らされてしまうことがあります。それが悩みの種で、シオンテクノロジーの力で猪が来なくなるよう実験をしています。

本田　日本中の農家が獣害に悩んでいます。この実験がうまくいったら、農業は大きく変革することになるでしょう。

川城　現在、畑に監視カメラを設置して、二十四時間監視しています。例えば猪が好むサツマイモにシオンテクノロジーによる忌避《きひ》剤をかけて、猪が来ないかどうか実験しています。同時に忌避剤をかけていないサツマイモも置いています。実験を開始した当初、猪は忌避剤をかけたサツマイモを避けていたのですが、最近は効果がなくなってしまいました。

いすみ市の海岸はいい漁場で、伊勢海老やタコ、アワビなどが獲れます。ただ、捕獲する際には網に不要な海藻が入ってしまいます。シオンテクノロジーを活用して、この海藻を家畜の飼料にする実験も行っています。

本田　この飼料を全国農業協同組合連合会に分析してもらうようお願いしました。そして実験の結果、飼料として使える成分を含んでいることが分かりました。あとはビジネスとして成立するか、つまり安定的に、適正な価格で供給ができるかどうかという課題が残っています。

余談になりますが、分析をお願いした全農畜産部の担当者が、株式会社恵和ビジネスの佐藤英之氏のお父様（勝好氏）の友人で、このときも人の縁の大切さを感じました。

⑥ＫＥ環境衛生ビジネスパートナーズ／代表・亀井良祐氏

本田　亀井さんは活構研が結成した当初からの会員です。

亀井　入会当時、私は岩谷《いわたに》産業の子会社・国際衛生株式会社という、殺虫剤や防虫・防鼠《ぼうそ》を扱う会社を経営していました。その後、この会社の代表を退任して、コンサルタント業を担うＫＥ環境衛生ビジネスパートナーズを立ち上げました。

現在は食品の衛生管理をするＨＡＣＣＰ実践研究会や、一般社団法人日本精米工業会の精米ＨＡＣＣＰの審査員を兼任、それから二つの会社の顧問も務めています。

本田　どんな会社ですか？

亀井　一社は株式会社へキサケミカルです。合成樹脂のプラスチックを扱う会社で、大阪府立大学と合同で波長変換フィルムを作りました。農業用ハウスの素材として用いると、フィルムが紫外線の波長を約四百十ナノメートルに変換します。すると光合成が活性化して、ぶどうやメロン、トマトなどの成長を促進させ、糖度を高めるので、これを商品化する開発を続けています。

また、愛知県豊橋市と千葉県市川市の清掃局と手を組んで、波長の技術でカラスを撃退する実験も行っています。カラスがこのフィルムの波長を嫌うのです。実際に効果は出ています。カラスの被害に悩まされていたJR東日本の新潟新幹線車両センターで実験したところ、すっかりカラスがいなくなりました。現在はこれをどうビジネスに結びつけるのか熟考している段階です。

もう一社は紫外線発生装置の大手メーカーであるサンエナジー株式会社です。各メーカーが紫外線殺菌装置を販売していますが、人は強い紫外線を浴びると目を痛めてしまう。だから紫外線殺菌装置は、実はあまり効果のないものばかりです。

ただ、サンエナジーの紫外線照射器は強力で、人がいない環境で一気に殺菌します。例えば部屋で使う場合は、人はその部屋から出なければなりません。そうして強い紫外線で確実に殺菌するわけです。

現在、病院に売り込みをかけていますが、コロナ禍なので、なかなか思うように進んでいません。

本田　これからの時代はそのような最先端の技術がどんどん活用されるはずです。生き物を扱う産業である農業や畜産の仕事でも、AIやIT、あるいはロボットの導入が進んでいます。要するに労働を機械に置き換えて省力化、無人化させる方向に進んでいます。

とはいえ、生き物を扱う仕事は、最後の最後まで人の頭と手が必要とされる産業だと思います。だから農業や畜産業があることによって、人の心や感性が残ります。匠《たくみ》の技といってよいかもしれません。

亀井　確かに本田さんがいわれたとおり、近年はスマート農業が注目を浴びており、実際に儲かる農業をしている企業もありますね。

本田　ワールドファームがその代表的存在です。

亀井　儲かる農業、それが農家の理想だと思います。また、農業や水産業は流通形態を整備することも重要です。収穫したものを卸す際に、流通コストがかかってしまうからです。

本田　ワールドファームが儲かる農業を実現できたのは、六次産業化に成功したからです。生産・加工・販売を網羅しているため、流通に余計なお金がかかっていません。また、生産した作物を加工することで付加価値をつけている。販売も他社に任せるのではなく、自社で行い、直接エンドユーザーと結びついています。これが儲かる農業の秘訣だと思います。

亀井　私も一度視察に行きました。社員一人ひとりがイキイキとしていたことが印象的でした。

本田　今後、活構研に期待することは何ですか？

亀井　私がいま波長変換フィルムや紫外線照射器の研究に携わっていることもあり、ソーラーシェアリング事業や殺菌事業を行っている人と交流を深めたいです。

それから二〇二〇年六月に施行されたＨＡＣＣＰを推進したいと考えています。ＨＡＣＣＰとは衛生管理をルール化したもので、食品等事業者はこれに沿って食品の製造や加工を行うことになります。私が研究を続けている紫外線照射器で、この衛生管理に協力できると考えています。

⑦株式会社エスシーアクト／代表取締役・渡邉光彦氏

本田　渡邉さんと出会ったのは二〇〇六年ごろでした。

渡邉　当時、本田会長から牧場の糞尿《ふんにょう》の処理が大変だという話を聞いたことを覚えています。

本田　渡邉さんは写真関係の仕事をされていたのですよね。

渡邉　コニカミノルタの前身となる小西六《こにしろく》写真工業で働いていました。この会社では、カラー写真の色出しの業務を行っていました。一九六四年の東京オリンピックの開催期間中は、毎晩徹夜して写真をプリントしていたものです。ただ、激務に加えて同僚たちとよくお酒を飲んでいたため胃を壊してしまい、二～三年後に営業部に異動しました。

イラクにカラー写真の現像所をつくるために出向したこともあります。定年まで写真の色にこだわって仕事をしていたので、冗談で「色商売をしていた」といっています。

本田　渡邉さんは活構研が発足した当初から参加されています。入会した理由は何でしょうか？

渡邉　定年後に縁があって腐植物質に出合いました。この腐植物質の特性を活かして、高分子材料など添加素材を製造する方法や、その利用方法について東京大学生産技術研究所と研究しています。近年、巷《ちまた》でも腐植物質が注目されていますが、当時は海のものとも山のものとも分かりませんでした。そういった状況から研究を初めて、フミン物質（腐植物質）の技術を用いた水を開発、清涼飲料水「マリネックスゴールド」として保健所にて認可を取得しました。

マリネックスゴールドは、海洋性腐植珪藻土《けいそうど》より抽出《ちゅうしゅつ》された抽出液で、腐植物質に含有するフルボ酸をはじめ、多くのミネラル、アミノ酸、ビタミン、糖類などの有効成分を含んでいます。さらに抗がん性の物質を含有する食品として特許を申請しました。もっとも、清涼飲料水が特

許を取得することは難しいと思いますが、水を生産・販売しているということで、最近は冗談で「水商売をしている」といっています。

本田　活構研にはどんなことを期待していますか？

渡邉　やはり情報交換や人脈をつくる場であってほしいということです。実際に活構研に参加してから多くの縁ができ、地方活性化をテーマにした会合にも積極的に参加しています。

　また、地域再生医福食農連携推進支援機構の伊藤譲氏から「機能性野菜を生産するので協力してもらいたい」という誘いを受け、弊社の水を使うことになっています。

本田　それは素晴らしい。今後の活動に期待しています。

渡邉　私はもう八十八歳なのでオールドソルジャーです。かつてダグラス・マッカーサー元帥は「老兵は死なず、ただ消え去るのみ」といいました。ただ、私はまだ消え去るつもりはないし、やりたいことが残っています。

本田　御社の水は健康にいいという意味で、渡邉さんは歩く広告塔です。

渡邉　そうかもしれません。私の水が私の健康をつくっています。弊社の水は抗菌、抗ウイルス性作用があります。ミネラルやアミノ酸、ビタミンの効果で免疫力も向上します。

⑧株式会社BCM／代表取締役・深澤文夫氏

本田　深澤さんとは、一九八五～八八年に私が道庁に出向していたときに出会ったので、本当に長いつき合いになります。

近年、深澤さんが経営されるBCMは、再生可能エネルギーに力を入れています。具体的にどんなことをしているのでしょうか?

深澤　BCMは六年前に立ち上げた会社で、現在は洋上風力発電における漁業事業者との協調のための提案を続けています。

二〇一八年に法改正され、洋上風力発電事業の実施のためなら、最大三十年間の占用許可をもらえるようになりました。これにより洋上風力発電への参入のハードルが低くなりました。これは大きなチャンスです。洋上風力発電事業は地域に大きく貢献します。地域雇用の促進、固定資産税収入、基地港の建設などにつながるからです。

ただ、この際に漁業協定がネックになります。洋上風力発電を行うには、漁業協同組合と協調しなければなりません。洋上風力発電事業を展開しようとする海域が既存の漁場と重なっている場合や、何らかの影響を及ぼす可能性がある限り、すでにその場で生業を立てている漁業事業者に仁義を切らなくてはならないということです。

私は両者がウイン－ウインの関係になるように努めています。そこで現在、株式会社ＩＮＦＬＵＸと業務委託契約を結んで、同社が計画している洋上風力発電事業予定区域の漁業関係者に対して、藻場《もば》対策を実施しています。

日本の沿岸海域では磯焼けと呼ばれる深刻な環境問題に起因する藻場の減少が各所で発生しています。森林荒廃や海水温上昇など磯焼けの原因は様々ですが、海中のプランクトンや藻の成育に必要な鉄分を含む栄養塩不足にあることが、この現象発生の大きな要因と考えられています。

当社は研究グループに参画し、海中の生物の成長に不可欠な窒素《ちっそ》を吸収するために必要とされる鉄分と、森林で産出されるフルボ酸鉄との関係性に着目、フルボ酸鉄の海面への供給をコントロールする仕組みを研究し、藻場の回復技術に取り組んでその有効性を全国各地で実証してきました。現在、このグループで開発し、有効性を実証した藻場回復のための基本技術を応用、日本各地にこの技術を普及させるための研究に取り組んでいます。それは、フルボ酸鉄と鉄鋼スラグ水和固化体を活用して海洋環境を整え、磯焼けによって失われた漁場を回復させる研究です。

研究事例を挙げると、一つは「海

の牧場」のための海藻着生基盤材の製品化に関する研究です。伊豆大島の差木地《さしきじ》にある休止漁港を東京都から借用、藻場形成のない港内を「海の牧場」に変貌《へんぼう》させるための実証実験を始めました。

また二〇一九年には、公益財団法人東京都中小企業振興公社が主催する「令和元年度TOKYOイチオシ応援事業」に採用され、助成金をいただいて、海藻着生基盤材の製品化に取り組み、アワビやトコブシ、サザエなどの養殖場としての活用方法を研究しています。

本田　農林水産省が二〇二一年度から始まる「2050年カーボンニュートラル」に伴うグリーン成長戦略「食料・農林水産業の成長戦略」のなかで、ブルーカーボン涵養《かんよう》の重要性を挙げていますが、これとの関連を意識されての取り組みでしょうか?

深澤　海の生態系の働きのなかで、大気中の二酸化炭素を光合成などによって吸収し、固定する炭素のことを称して「ブルーカーボン」というのはご承知のとおりです。一般に二酸化炭素の一千六百億トンが森林などに取り込まれ、一千五百五十億トンが海の生態系に取り込まれていると考えられているようです。海藻や海草類は成長が速いため、二酸化炭素の吸収量も多い。当社が当面取り組んでいる藻場対策は、洋上風力発電事業と漁業に関連する分野ではありますが、新たにグリーン成長戦略事業への参入も視野に入れて、今後も沿岸生態系の改善を目指して、藻場造成(海の牧場)事業を推進してまいります。

本田　現在、大規模で農業を営んでいる企業に、太陽光による再生エネルギー活用計画を提案されています。この点についても教えてください。

深澤　これからの日本の農業を考えるときに、アグリ・テック、つまりIoTやビッグデータなどを用いるスマート農業への事業構想を持つことが大切です。こうした構想を持つ企業に対して、前線基地に相応《ふさわ》しい装備の提案を行っており、そのなかの一つに、太陽光による再生エネルギーの活用事業が入っています。

進化するアグリ・テックの装置を整備することで、農作業の環境整備を供給していく。農作物と発電を併存させるソーラーシェアリングの導入を含め、新しい時代の田園に相応しい、美意識を持った風景を創出する意気込みで取り組んでいます。

本田　新型コロナ感染拡大という危機的状況に対して、どうお考えですか？

深澤　私は日本という国を信頼しています。この国に、来《きた》るべき新しい時代に向けての大変革の機会が到来したと思います。だから目先の風潮や既存の枠組みに囚《とら》われることなく、ひたすら当社の理念に忠実でありたいと思います。その理念とは「沿岸海域の磯焼け回復事業を通して、豊かな里海《さとうみ》を取り戻し、海藻が繁茂《はんも》し魚が集まる生態系を再生することをもって、社会に貢献する企業となる」と「再生可能エネルギー導入事業の推進に関連するマネージメントの業務体系のなかの、農林水産部門のソリューション業務に特化することをもって社会に貢献する企業となる」

です。

⑨株式会社ショーワ／代表取締役社長・齊藤純一郎氏

本田　斉藤さんとは元大蔵官僚・杉井孝氏が塾頭を務める神田錦塾という、金融関係の交流会で出会いました。

齊藤　神田錦塾で話すようになり、本田さんから誘われ活構研に入会させていただきました。

本田　ショーワの主な業務について教えてください。

齊藤　弊社は工業専門の産業廃棄物のリサイクル業務を行う会社です。具体的にいうと、石油メーカーから出たガソリンや石油精製のカスを加工して鉄鋼メーカーに販売する。あるいは半導体液晶メーカーから出る廃液を加工して、製紙メーカーや肥料メーカーに販売しています。

本田　話を聞くと農林水産業とは縁のない業種のようですが、ワールドファームと手を組んで、大きな取り組みをしていますよね？

齊藤　味の素はアミノ酸を作っていますが、生産過程で大豆の搾《しぼ》りカスが出るので、それをバイオマス発電の燃料として加工・販売してきました。そしてこの搾りカスを肥料にしてワールドファームに卸して、その肥料を使ってニラを生産してもらう。そして収穫したニラを、今度は味の素に買ってもらえばいい循環ができます。このアイデアはワールドファーム会長の幕内進氏からいただき、いま実現に向けて動いています。

本田　他の分野の企業が農業と手を組むことで、新しいビジネスが生まれそうです。

齊藤　まさにそれを目指しています。弊社はこれまで工業を専門にしてきたので、バイオマス発電に関係する顧客がたくさんいます。そこで今後は工業と農業を組み合わせた新しいビジネスを実現させたいと考えています。それが活構

研に参加した理由の一つです。

本田　それは絶対に実現させなくてはなりません。それから御社は水素の開発にも力を入れているでしょう？

齊藤　株式会社ブルー・マーキュリー代表取締役の室田渉氏と出会い、水素の可能性を知りました。以前、水素がまったく入っていない「水素水」で大儲けをした企業があります。しかし、ブルー・マーキュリーの水素水には、しっかり水素が入っています。

　水素には還元酸化防止の作用があるので、牛乳に水素を入れて、賞味期限を延ばすことができます。大きな可能性があると思うのです。

　こうした企業と協力することでも、何か新しいことができるはずです。

本田　工業と農業を組み合わせたいという御社の取り組みは、必ず地方活性化につながります。

齊藤　出張などで地方に行くと、オフィスや繁華街があるエリアは活況だったとしても、そこから少し離れると寂れていることが少なくありません。工業と農業でそんな地方を盛り上げていきたい。

　例えば林業関係者と手を組んで、バイオマス発電の燃料を提供する。あるいは農業生産者に肥料を提供するほか、土壌改良剤を使ってもらうのです。そして生産物を食品メーカーに売るなど、まさにワールドファームが目指している循環型のビジネスを定着させたいと思います。すると一企業だけでなく、様々な産業が元気になるからです。

⑩南洋興発株式会社／代表取締役・大山雅彰氏

本田　活構研に入ったきっかけは何ですか？

大山　サイパン島でミネラルウォーターの会社を買収して、経営を始めました。そうして分かったことは、サイパン島は石灰岩でできている島なので、水質が悪いということ。濾過するのに三分の二の水を捨てなくてはなりません。

それでは水がもったいないので、サイパン島で水耕栽培や漁業ができないかと考えるようになりました。ちょうどそのとき知人から活構研を紹介してもらって、二〇一九年に入会させていただきました。

本田　大山さんが取り組んでいる事業について教えてください。

大山　南洋興発は日本で登記している会社です。ミネラルウォーターの販売のほか、ヘンプ製品の生産・販売を始めようとしています。ちなみにヘンプとは、カンナビス（大麻《たいま》）の陶酔《とうすい》作用の成分となるＴＨＣ（テトラヒドロカンナビノール）が〇・三％以下のものをいいます。当然、ヘンプ製品は合法です。

私は二〇一九年にヘンプ栽培のライセンスを取得しました。本来であれば二〇二〇年からサイパン島でCBDオイルを作って、日本で販売するという計画でした。CBDはカンナビジオールといい、カンナビスの茎《くき》や種子から抽出された成分です。この成分で作ったオイルにはリラックス効果があります。

ところが、二〇二〇年は新型コロナが蔓延《まんえん》したことで、一度もサイパン島に行けませんでした。現状はスイスの農家からCBDオイルを輸入して、日本で販売するという状況に留まっています。

本田　なぜサイパン島を拠点にしようと思い立ったのですか?

大山　日本では大麻の生産ができないからです。茎と種から作ったCBDオイルの輸入だけが認められています。日本では大麻とヘンプを分けて考えていないのです。

本田　そうなのですね。大麻の栽培は戦後に規制されました。現在は伊勢神宮の御札用のものなどを、許可を得た農家が細々とつくっている程度です。

大山　サイパン島はアメリカの自治領であり、北マリアナ諸島の中心的な島です。アメリカ合衆国連邦法の法律の適用および準用が可能で、州法はカリフォルニア州法に帰属します。そしてカリフォルニア州はアメリカ国内で最もヘンプのビジネスが盛んで、研究も進んでいます。そのためサイパン島では、ヘンプに関する最新情報を常時共有できるという利点があります。

アメリカでは州によって酒税を上回っています。大麻栽培によって潤っている農家もあり、大きなビジネスになっています。大麻は医療効果だけでなく、茎は建材になる。またヨーロッパでは、ベンツなど高級車の内張《うちばり》にヘンプを使っています。

本田　他国ではビジネスとして成立しているのに、日本ではそうではない。

大山　そうなのです。だから日本から最も近いアメリカのサイパン島でやりたいと考えています。

それと私はサイパン島に大きな可能性を感じています。

戦前、サイパン島には南洋庁サイパン支庁があったので、いまでも高齢者を中心に日本語が話せる人が少なくありません。島民と日本人の関係も良好です。ま

た、サイパン島は地理的に農業に適しています。日本から南に約二千四百キロで、時差は一時間。気候が年平均二七℃で年間気温差も少なく、四期作が見込めます。だから日本人がビジネスをするのに適した島だと考えています。

本田　南洋興発は戦前、サイパン島に存在した企業です。この社名を名乗るようになった経緯を教えてください。

大山　六年前に勤めていた金融機関を退職した私は、友人とサイパン島に遊びに行きました。学生時代に自虐史観教育を受けたこともあり、なんとなく「日本は戦前から戦中に悪いことをした」というイメージを抱いていました。日本はサイパン島を統治していたため、ひょっとしたら島民は日本人に敵意を持っているのではないかと思っていたほどです。

　ところがサイパン島で九十歳くらいのチャモロ人が「お前は日本人か?」と流暢《りゅうちょう》な日本語で話しかけてきたのです。「そうです」と答えると、「俺たちは日本人を尊敬している」といいます。

　理由を聞くと、日本統治時代にサイパン島に南洋興発という準国策企業が設立され、島内には製糖工場があったのです。多くの現地人はこの工場で働いていました。私に話しかけてきた老人は懐かしそうにこう振り返りました。

「日本人は規律に厳しかったけど、率先して自分たちが働いていた。日本人は働くことを教えてくれた。戦後にアメリカ領になってアメリカ人がたくさん来たけど、彼らはサボることしか教えてくれない。だから俺は日本人を尊敬している」

こうして私の自虐史観は吹き飛びました。帰国後に南洋興発のことを調べると、「北の満鉄、南の南興」と並称されることもあったほど大きな会社だったことや、一九四五年の敗戦を機に閉鎖されたことを知りました。そして私はこの南洋興発を日本企業として復活させたいと考えました。そこで南洋興発の「社名」と「ロゴ」の使用許可をいただくために関係者の行方を探し、半年後にようやく創始者の末裔《まつえい》の方（孫）にお会いすることができました。初対面だったにもかかわらず、私の情熱を受け止めてくださり、「終戦から七十五年経って、大山さんのような人が現れるなんて信じられない。きっとうちのお爺さんも喜んでくれているよ」と、その場で快諾してくれました。

戦前の南洋興発は砂糖を作っていましたが、二十一世紀の南洋興発はヘンプ製品を作っていきます。

⑪Ｊａｐａｎ Ｇｉｎｇｅｒ株式会社／西村政晃氏

本田　Ｊａｐａｎ Ｇｉｎｇｅｒの事業について教えてください。

西村　高知県は生姜《しょうが》の生産量で全国シェア六〇％を占めています。私たちはそんな高知県の生姜の栽培の発祥地である吾川郡《あがわ》いの町に工場を構えています。本社は高知市内にあります。わが社には生鮮事業部、栽培事業部、加工事業部があります。私が専門とする加工事業部はOEM、つまり他社から依頼を受けて製品にすることがメインです。顧客からよくいわれるのが、チューブ入りの生姜が美味しくないということでした。また、刺身を買ったときに付いてくる小袋の生姜は薬臭くて、生姜の味がしないという人もいました。そして皆一様に、美味しいチューブ入りの生姜を作ってほしいというのです。何とか実現したいと考えるようになりました。

そんな折に、私の恩師である鈴木徹氏（東京海洋大学先端科学技術研究センター サラダサイエンス〈ケンコーマヨネーズ〉寄附講座　特任教授）が、大学院生を連れてわが社を視察されました。視察当日は私が対応しました。工場見学の最後に学生たちから質問を受けたときに、私からも「皆さんはどうやって生姜を使っていますか？」と質問しました。すると女子生徒が「魚を食べるときにチューブの生姜を絞って入れています」と答えたのです。それを聞いて、生姜の文化は変わっていくと実感しました。

その後、鈴木氏に美味しいチューブを作りたいと相談をしたら、興味を持ってくれました。そうして鈴木氏の研究所にも出入りするようになり、開発を本格化させたのです。

本田　美味しいチューブを作る、それは素晴らしい取り組みです。

西村　農産物にはそれぞれ特徴があります。生姜なら風味や色みが重要です。加工するとなるといい色みを出しづらいのですが、なんとかそれを実現させて、生姜の風味を活かすことにも注力しました。そうしてできたのが、無添加で、色みも風味も良く、保存性もいいおろし生姜です。これを「風味フレッシュ」という名前で売り出そうと考えています。

本田　それは話題になるでしょう。

そのほかにはどんな事業を行っているのでしょうか?

西村　栽培事業部では生姜を栽培するほか、自社で栽培した京ブキの缶詰を製造しています。

また加工事業部

はＯＥＭ生産で、例えば香辛料の加工を行っています。ただ、それだけでは利幅《りはば》が薄い。だから農家を元気づけるような取り組みをしていきたいのです。

それから農産物を生のまま出荷することも考えています。ただ、近年の天候不順や農家の高齢化で生産量が伸び悩んでいる状況で、仕入れ価格が安定しません。市場の仲卸《なかおろし》業者も苦労しています。だから農家に安定的に利益を上げてもらうよう、「風味フレッシュ」で実現させていきたいと思います。

とはいえ、おろし生姜は価格帯が低い。だからもうワンランク上にいきたいのです。加工品でも、スーパーの生鮮売り場に置いてもらえるような製品を作りたいと思っています。

本田　活構研に入ったのは、実際に高知県で生姜の生産・加工をされていて、地方に対する危機感を抱いているからですね？

西村　そのとおりです。わが社は農産物に付加価値をつけて、農家の収益を上げることに力を入れていますが、同時に安定的に人材を供給することも大切だと考えています。

高知では農家を回り、仕入れや作柄《さくがら》、状況などを聞いています。するとたびたび耳にするのは、後継者がいないということ。昨今、農家の高齢化が顕著になっています。

また、掘り取りや植えつけなどの時期に作業員を雇いたい時期があります。昔は高知県内に人材がいましたが、作業員も高齢化で減少しています。

高知県内には高知市近郊のほか、西部や東部にも産地があります。そして、これら産地のあいだで人夫を確保すべく日当の競い合いをしています。

本田　農家自身が首を絞めている状態が続いているのですね。

西村　農家は確かな技術を持っていても人手が足りない。二〇二〇年も人手が足りず、わが社は外国人労働者を二人採用しました。ちなみに外国人労働者を他の農家に紹介すると、「こういう人材がほしかった」と喜んでくれます。

人手不足を補えれば、生姜だけでなく、トマトやピーマン、ししとうなどもたくさん生産できるようになります。技能実習生で人材を賄っている大規模な農家もありますが、小規模な農家は常時人を雇うことができません。必要なときに必要な人数だけ作業員を雇うことができる環境を整えたいのです。

本田　福岡県朝倉《あさくら》市に「アグリガーデンスクール&アカデミー」という、農業学校を運営している方がいます。セカンドキャリアとして農業を目指す人や若い人材を対象に、一〜二年にわたって農業を教える。卒業者は朝倉市周辺や自分たちの故郷で農業を始めています。九州電力やＪＲ九州、三井物産などの大企業は、社員を派遣して研修を受けさせています。

この方は青森県板柳町でもシーズンスクールを開校していました。二〇二〇年は新型コロナの感染拡大で、リンゴ農家が外国人労働者を雇えなくなりました。たちまち人手不足になったので、板柳町の学校は、農業実習を受けていた生徒たちをリンゴ農家に派遣しました。その大半は、定年退職を目前に控えた人々でした。すると彼らは、外国人実習生よりも真面目に働いたのだそうです。

ただ、派遣時に問題になったのは、彼らの宿泊場所です。そこで廃校を使った農泊事業の話が出ています。こうして農村に施設を整備するというツーリズムができる。これが本格化したら、農村も活性化することでしょう。だから私は最近、「Go To トラベル」ではなく、「Go To 農業」の重要性を訴えています。

⑫株式会社シュリンプパートナーズ／水田健人氏

水田　シュリンプパートナーズは、熊本県で浄化槽の管理業務を続けていた父・英夫が、二〇二〇年に立ち上げた会社です。浄化槽で水処理をするという事業は、今後増加するものではないと考えた父は、五年ほど前から車海老の養殖事業を手がけるようになりました。そしてその養殖事業がかたちになってきたので、資金を調達して会社を設立したのです。

本田　車海老の養殖について詳しく教えてください。

水田　コストを抑えて養殖するために、畑を借りて、ビニールハウスのなかで養殖しています。

閉鎖循環式陸上養殖です。また、フルボ酸を水に入れて培養させています。

本田　陸上養殖とフルボ酸によって、稚魚《ちぎょ》は病気にかかりづらくなるのですか？

水田　元から病気をもっていたら効果はありませんが、そうでなければ発病する可能性は極めて低くなります。すると生産率の向上につながり、薬をいっさい使わなくて済みます。また、フルボ酸によって、車海老に十分なミネラルを与えることができます。するとアミノ酸が豊富で、旨味《うまみ》成分が凝縮《ぎょうしゅく》された車海老に成長します。

本田　安心・安全な養殖海老だから、消費者にとってもありがたい。

水田　海老は国民食なので、養殖事業がうまくいけば食料自給率も向上するはずです。

本田　陸上養殖は伸ばしていくべき分野です。活構研には内水面《ないすいめん》養殖で日本最大規模を誇る林養魚場も在籍しています。ともに養殖を盛り上げてもらいたいと思います。

水田　やはり活構研では、農林水産業の方々と情報交換できるので勉強になります。私はいまも証券会社に勤務しています。シュリンプパートナーズでは主に資金調達を担っています。そのため養殖に関する知識がないのです。ただ、養殖業や農林水産業について学び、知識を蓄えたいという思いから活構研に入会しました。

本田　活構研には農林水産業を通じて、地方を元気にしたいという思いがあります。東京と熊本を行き来していて、地方の衰退を実感することはありますか？

水田　地方は東京と比べると大企業が少なく、個人事業主が多い状況です。地場のネットワークが構築されているので、仕事は取れます。ただ、単価を下げて受注するケースが多く、所得向上にはつながりません。また、新型コロナが蔓延する以前から、飲食店やサービス業にもお金が回りづらく、都心部より深刻なデフレ状態が続いているように感じています。

本田　そんな地方に、御社はどう貢献できると考えていますか？

水田　農地を活用した陸上養殖を行っているため、耕作放棄地や休耕地の有効活用ができます。

また陸上なので、漁業権や水利権に縛られずに養殖ができる。加えて従来の養殖と比べると、気象や疫病に左右されないので、安定的な供給が可能になります。こういった特性を活かして、弊社が提案する閉鎖循環式陸上養殖システムを普及させることにより、地方の雇用の創出や豊富な休耕地の有効活用を行い、地方経済に貢献できると考えています。

第4章

環境と農林水産業を変革するシオンテクノロジー

特筆すべき技術

これまで活構研に参加する企業の最新の技術について語ってきました。今後の日本をリードしていく技術ばかりですが、もう一つ特筆すべき技術があります。その技術は「シオンテクノロジー」です。本章ではこのシオンテクノロジーについて解説します。

シオンテクノロジーは韓国出身の自然治癒学博士で、現在ジャパンスターエンタープライゼズ株式会社・最高技術責任者を務める原哲人氏が生み出した「波動」による新しい技術です。いま、ジャパンスターはこの波動の技術を活用して、農業・環境・医療の分野で革命を起こそうとしています。なお、波動については後述します。

まず、ジャパンスターエンタープライゼズについて説明しましょう。

同社は私が代表を務める活構研と同じ東京・虎ノ門のビルに事務所を構えています。また、アメリカにシオングローバル、韓国に大起グローバルという兄弟会社があります。そして日米韓の三社（シオングループ）を統括しているのが会長の金井圭氏です。

同社が推進するシオンテクノロジーには、世界を変える力があります。詳細は後述しますが、枯れそうな木を蘇《よみがえ》らせたり、人の体を元気にしたりといった効力があるのです。また、この技術の一部は医療にも応用されています。

栃木県那須塩原にあるジャパンスターエンタープライゼズの研究所

原博士は約一千種類の波動を生み出しました。数ある波動のなかから、用途に合ったものを組み合わせて使います。

栃木県那《な》須《す》塩原《しおばら》市には約五百三十坪の土地に研究所があります。この研究所には常に波動が流れており、建物のなかに入るだけで体温が上昇、体が元気になるように感じます。実際に私も研究所を訪れたことがありますが、やはり疲れが取れたように感じました。

研究所のなかには研究室があり、そこで物に波動を当てます。例えば農作物の成長を促進する水を作る場合、研究室に水を置いて、成長促進の効果がある波動を当てます。するとその水には波動による力が宿り、その水を作物に与えれば作物は一気に育ちます。

波動の種類によって当てる時間には違いがあ

り、短いものでは数十分、長いものでは七十二時間にわたって波動を当てます。それだけでシオンテクノロジーの効果が得られるのです。

米空母の雑排水を処理する新技術

次にシオングループのメイン事業について述べましょう。

同社は米軍・第七艦隊から艦艇の雑排水を処理する仕事を受注しています。第七艦隊は第三艦隊とともに太平洋艦隊を構成する大きな部隊で、司令本部が横須賀《よこすか》基地にあります。そして原子力空母・ロナルド・レーガンは、この横須賀基地と佐世保《させぼ》基地に寄港します。

米軍の艦艇は、船内に雑排水を処理する設備を搭載していません。航行中に船内で出た汚水・排泄物《はいせつぶつ》や廃オイルはタンクに貯めています。そして船が寄港したときに、雑排水をホースで陸上のタンクに移し、それを車両で下水処理場に運んでいます。これが一般的な処理方法なのです。シオングループも五年前まではこの方法を採用していました。

ところが現在、シオンテクノロジーを活用して、画期的な方法で処理しています。シオンテクノロジーの波動の技術には、酸化を防ぐ効果があります。そこでこの技術で雑排水を浄化できないかと考え、試行錯誤をして五年前にそれが実現したのです。

この業務について、ジャパンスターエンタープライゼズ営業本部長の園山直樹氏は、以下のように説明します。

「弊社のバージ船を空母に横付けして、空母のタンクに貯まった雑排水をホースでバージ船の貯水槽に移す。雑排水は四～五時間で処理します。凝集《ぎょうしゅう》剤で液体と固形物を分離させてから、液体を波動で浄化して海に流します」

通常、下水処理場では沈砂池《ちんさち》、第一沈殿池《ちんでんち》、反応槽《はんのうそう》、第二沈殿池で下水に含まれる汚れや塊《かたまり》を分離させて、最後に下水の塩素接触槽で水を浄化してから海や川に放流しています。シオングループは、これと同様のことをバージ船のなかでやっているのです。それを可能にしたのがシオンテクノロジーです。

「アメリカの基準は極めて厳しく、雑排水を完全に浄化しなければ海や川に放流できません。その厳しさは、日本の厚労省や国交省、環境省の基準とは比べ物にならないほどです。それでもシオンテク

空母の雑排水をバージ船の貯水槽に移して処理している

ノロジーで、その基準をクリアしています。二〇二〇年十二月には、アメリカのライセンスも取得しました」（園山氏）

海上で雑排水を浄化しているのはシオングループだけです。言い換えるなら、これはシオングループだけが持つ技術なのです。

余談になりますが、シオンテクノロジーの「シオン」には二つの意味があります。一つは金井会長の奥様の「始恩《シオン》」というお名前。もう一つは、上記のように同社は船の雑排水を浄化する事業をメインに行ってきました。つまり「海上」で仕事をしているということで、「始恩」と「Sea On」をかけて「シオン」と名付けたのです。

「再生」と「酸化防止」で得られる力

シオングループはシオンテクノロジーを医療・環境・農業の分野で役立てようと考えています。シオンテクノロジーを量子物理学の観点で説明すると、第五世代のエネルギーを使った技術になります。

まず医療の面でどう役立てるのか。医療法人社団誠敬会・吉野敏明会長は、すでに手術にシオンテクノロジーを活用しています。

吉野氏が経営する誠敬会クリニック銀座では、口腔《こうくう》外科手術を多く行っています。手術の前日と手術中には患者に点滴をするのですが、波動を当てた点滴液を使っているといいます。すると手術時に驚くべき効果が現れるのです。実際に手術に立ち合ったという園山氏は、そのときのことを以下のように振り返ります。

「口腔外科手術で、歯肉《しにく》をメスで切開していました。普通なら、メスを入れた時点で一気に血が噴《ふ》き出すはずです。ところが、薄《うっす》らと赤い筋がついただけで、まったく出血しなかったのです。そうして通常なら五時間はかかるという手術が、二～三時間で終わりました。出血しないことで医師の労力は減るし、患者も身体的な負担が軽減します。また吉野氏の話では、以前なら医師や麻酔師や助手を含めて七人がかりで行っていた手術が、いまでは五人でできるようになったそうです」

なぜこんなことが可能なのか。その秘密は、シオンテクノロジーには組織を再生する力があるからです。園山氏はこう説明します。

「組織を再生させる波動を点滴液に当てたので、メスで毛細血管を切っても、瞬時に再生した。だから血が出なかったのです。ちなみにこの点滴液の成分を調べても、普通の点滴液です。何か特別なものを入れたわけではなく、波動を当てたにすぎないからです」

組織を再生させる、これはシオンテクノロジーの大きな特徴です。

例えばプラスチックに波動を与えると、原材料の炭素に戻ろうとする働きが生まれます。

以前、ビニールのフィルムを使った実験をしたことがあるそうです。二枚のフィルムのうち一枚はそのまま、もう一枚には組織を再生させる波動を当てて、この二つのフィルムを同時に燃やしました。すると何もしていないフィルムからは黒い煙が出ました。プラスチックを燃やすと黒い煙が出る、これは当然です。ところが、波動を当てたフィルムからは白い煙が出たのです。燃え尽きて残った灰も白かったといいます。組織を再生、つまり炭素化していたから白くなったのです。

シオンテクノロジーには、酸化を抑えるという特徴もあります。

鉄は酸化すると錆《さ》びます。波動でこれを抑えることができます。その証拠に、シオングループが保有する船は錆びていません。これは造船する前の段階で、素材の鉄板に酸化を抑制する波動を当てているからです。

また、波動を当てれば牛乳も腐りません。牛乳を常温で保管したまま、賞味期限が数カ月以上切れても飲むことができます。熟成され、非常に美味しくなります。実際に虎ノ門の事務所でも実験をしており、私も毎日のように賞味期限切れの牛乳を飲んでいますが、お腹を壊したことは一度もありません。

人間の体は酸化して老化していくように、酸化を抑えるとこのような効果があるのです。

北国でバナナを生産する時代に

次に農業です。シオンテクノロジーによって、農業をめぐる環境も激変することでしょう。農畜産業や林業というのは、基本的に環境の影響を受けます。つまり生産力を決めているのは気象条件なのです。農業の場合は日照時間や気温や降雨量、そして土壌の状態などが生産力を決めています。

しかし、シオンテクノロジーを用いれば、こうした気象条件を超えて生産力を高めることになるのです。

なぜなら波動を与えた水（シオン水）は、高温成長と低温成長を促進させ、害虫などを忌避《きひ》する効果もあるからです。そのための波動を当てた水を「F１」と呼んでいますが、このF１を二リットルの水に対して一〜二cc入れれば効果を発揮します。作物に振りかけるだけで、成長促進効果が得られます。また、高温でも低温でも作物が育つようになるというから驚きです。現在は寒いエリアで南国の果物を栽培する実験を続けています。まもなく北海道でバナナを生産する時代がやってくることでしょう。

また、F１によって害虫が寄りつかなくなるので、農薬や液肥《えきひ》が不要になります。安心・安全な作物が収穫できることになるのです。

このシオンテクノロジーをいかに普及させるか、そのためには農家に理解してもらわなければなりません。前述の園山氏も多くの農家を訪れて、シオンテクノロジーを紹介しています。そしてその話を受け入れてくれる人が徐々に増えています。NPO地球環境開発研究会・理事長の加藤和法氏もその一人です。

加藤氏には全国に仲間がいます。農家の人は皆、保守的なところがあり、新しいことに取り組むことを嫌がります。特に優秀な農家はその傾向が強い。自分の技術に自信を持っているからです。ところが、加藤氏が勧めると受け入れてくれる農家がたくさんいるのです。

二〇二〇年、多くの桃農家で「モモせん孔細菌病」という病気が流行しました。土壌菌による病で、まずは葉っぱが黄色くなり、次に枝が枯れ、最後に果実に斑点《はんてん》が出て売り物にならなくなります。

モモせん孔細菌病は、薬剤による防除が難しい病気です。そこでシオン水を葉面散布《ようめんさんぷ》して、根元の土にも吹きかけています。土壌改良をしながら木を元気にするのです。結果が出るのは来年になりますが、このほかにも全国の農家で様々な実験をしています。

すでに結果が出た実験もあります。例えばトマトです。三百坪ほどのビニールハウスでトマトを栽培している静岡の農家では、トマトの木の根が枯れてしまいました。二〇二〇年の夏、暑さにやられてしまったのです。そこで液肥にシオン水を入れて週に三回撒《ま》きました。すると木は徐々に元気を取り戻し、二〇二一年一月には見事なトマトが収穫できました。

それから静岡県御前崎《おまえざき》のきくらげ農家でも実験を行っています。きくらげの収穫時期は四〜十月で、旬は六〜九月です。ところがシオン水を与えるようになったら、一月の寒い時期にも大量のきくらげが収穫できたのです。

また菊やアルストロメリアなどの花にも大きな効果があります。苗が枯れた状態だったのですが、シオン水を散布すると元気な花が咲きました。

気象や害虫、植物の病などの悩みの種を解消する、それがシオンテクノロジーなのです。

アメリカで行う革新的な実験とは

シオングループは今後、アメリカでも事業を展開します。現時点で契約を結んだ企業はオリオン社、ヒデン・ヴィラ社、カウェロ社の三社です。

オリオン社との実験では大麻《たいま》の成長を促進させます。アメリカにはカリフォルニア州やオレゴン州など大麻の栽培が合法の州があり、日本では考えられないほど広い農地で作っているので、実験的に一部分にシオン水を撒いて、どの程度早く成長するか実験するのです。

また、オリオン社とはもう一つ実験します。アメリカの農家を悩ませているのはラットと呼ばれる巨大ネズミです。成猫《せいびょう》ほどの大きさがあるラットは、雑食性で、農作物のみならず養鶏場の鶏まで食べてしまうといいます。そこで鳥獣を忌避するシオン水を散布して、ネズミを防除しようという試みです。

ヒデン・ヴィラ社とは養鶏場で事業を始めます。目的は卵の生産量を増やすことと鮮度維持、そして鶏舎の臭いをなくすことにあります。

最後のカウェロ社は石油掘削《くっさく》会社です。アメリカでは中東のようにオイルサンドから石油を抽出《ちゅうしゅつ》するのではなく、地下数百メートルからシェールオイルを掘り起こしています。圧力のかかった蒸気を地下に注入して、油田から地上に噴き上がった石油を採取するのです。その際、石油と水が分離するので、その水は農業用水に使っています。ところが水には少量の石油が混ざっているため臭いがします。そこで現在は、また別の清浄な水を混ぜて油分を薄めることで農業用水にしているのです。

シオンテクノロジーを活用して、この水から完全に油を分解する実験を始めました。すると完全に油分を分解させることに成功したのです。そこでこの実験を本格化させることになりました。

以上のようにシオンテクノロジーには大きな可能性があります。今後、農業・環境・医療の分野で大きな変化が起きることは間違いないのです。

終章

アフターコロナの日本

コロナ禍後の危機として、あらゆることが想定されますが、特に懸念されているのは二点です。まず第一点は経済です。経済学者・林敏彦氏の著書『大恐慌のアメリカ』（岩波新書）によれば、一九二九年の世界恐慌で、アメリカのGDPは半減したといいます。当時のアメリカの人口は約一億二千六百万人だったので、現在の日本の人口とほぼ同じです。

この二〜三年で日本が恐慌時のアメリカと同様の状況になれば、同規模の失業者が出る可能性があります。

第二点は地震や自然災害です。首都圏直下型や東海、東南海などの巨大地震、風水害などの自然災害に襲われたら、コロナ禍で体力の弱った日本は、より一層深刻な状況になることは間違いありません。いまこそ、的確な経済対策と同時に、国土強靭《きょうじん》化《か》による災害に強い国土づくりを実現させなければならないのです。

ところが、新型コロナの対応でこれだけ財政を悪化させているなかでは、それができるのか非常に心許《こころもと》ない状況です。それでも手をこまねいている余裕はなく、地方創生により、地域経済を活性化し、産業と人口の分散を図る必要があるのです。

コロナ禍で世界が混乱し、人と物の国際交流が途絶えたことにより、中国に供給を依存していたマスクや消毒用品が、全国の薬局の店頭から消えたり、一部の農畜産物や食品の輸入が止まり、国民生活に重大な影響を及ぼしました。私たちは一九七〇年代のオイルショックのときのように、スーパーや薬局を右往左往《うおうさおう》したのです。

今後の日本の課題は、各分野でサプライチェーンを再構築することです。特に農畜産業は、再構築をするチャンスだと捉《とら》えています。現にコロナ禍では、日本の農業法人が国外で営む日系の農場からの輸入さえ不可能になりました。

現在、大量に輸入している農畜産物は、外国から購入する余裕がなくなれば、自給せざるを得なくなります。中国、インド、ＡＳＥＡＮ諸国などの経済成長に伴い、アジアのマーケットの食料需要が拡大を続けています。その証拠に食品業界では、「マグロやウニ、松茸《まつたけ》などの高級食材が国際市場で中国に競《せ》り負けている」とか「中国では青果物は高級品を国内向けにして、中級品と低級品を日本に輸出している」といわれています。

第２章で紹介した株式会社ワールドファーム会長の幕内《まくうち》進氏は、次のように述べています。

「加工品や業務用の野菜は価格、数量両面で安定供給をすれば、そんなに安売りしなくても、国産の需要はいくらでもある。また、冷凍野菜は中国から九十万トン輸入されているのだから、これを国産に代替していけばよい。わが社はこれを目指して生産を拡大している」

確かに二〇一八年度、日本の食料供給は金額ベースで国産が十兆円、輸入が七兆円で自給率は六〇％あまり（よくいわれるエネルギーベースは四〇％弱）に留まりました。

また、日本の農地面積は約四百五十万ヘクタールですが、外国から輸入している農畜産物を生産するために必要とされる農地面積を試算すると、一千二百万ヘクタールに及ぶといいます。

二〇二〇年十一月三十日、政府は「農林水産物・食品の輸出目標」として、二〇二五年に二兆円、二〇三〇年には五兆円にすると発表しました。今後、日本の農畜産物は、人口減少と高齢化により、国内需要が徐々に縮小していくとしても、国産による輸入代替と輸出に努力していけば、マーケットは十分にあります。

いま地方は人口減少と高齢化により、農林水産業の担《にな》い手がいなくなり、耕作放棄地が拡大しています。その面積は年々増加しており、内閣府のデータによれば、二〇一五年の時点で四十二万三千ヘクタールに上ります。

一方、近年は国民のあいだで田園回帰の傾向が高まり、特に若者を中心に子育てしやすい地方への移住を希望する人が増えています。また、新型コロナの影響もあり、首都圏からの人口流出も見られるようになりました。

経済アナリストの中原圭介氏の著書『日本の国難　2020年からの賃金・雇用・企業』（講談社現代新書）に興味深い話がありました。

株式会社コマツは本社機能の一部を会社創立の地・石川県小松市に移転しています。そこで東京都と小松市で勤務する三十代の女性社員を対象に結婚率と子供の数を調査したところ、いずれも小松市のほうが多く、その差を子供の数に換算すると、なんと四倍になるというのです。小松市は東京に比べれば物価も安く、子育てしやすい環境なので、当然の結果といえるでしょう。

一般財団法人日本総合研究所会長の寺島実郎《てらしまじつろう》氏は、著書『シルバー・デモクラシー　戦後世代の覚悟と責任』（岩波新書）で「都会の高齢化と田舎の高齢化は違う」として、次の趣旨のことを書いています。

「地方には、至近距離に第一次産業があることです。これまで農業や水産業などを中心とする地域は、第二次産業が劣後《れつご》しているために、時代の流れに取り残されている印象がありました。ところが超高齢社会においては、宝の山が眠っていることに気がつかなくてはなりません。つまり体力や気力に応じて、高齢者が貢献を実感できる産業基盤が身近にあるということです」

福岡県朝倉《あさくら》市には「アグリガーデンスクール&アカデミー」という農業学校があります。セカンドキャリアとして農業を目指す人や若い人材を対象に、農業を教える学校で、卒業生は全国で農業を始めています。

また、青森県板柳町《いたやなぎまち》でもシーズンスクールを開校したことがあり、コロナ禍で県内のリンゴ農家が外国人労働者を雇えなくなってしまった際には、この学校の生徒を派遣、作業の手際《てぎわ》もよく、皆誠実に働いたのだそうです。

さらに地方には無限の可能性があります。

先に述べた活構研会員の有限会社瑞穂農場は、北海道別海町《べつかいちょう》から沖縄県石垣市まで全国に十五の牧場を所有しています。これらの牧場は、いずれもそれぞれの地域で二十~百五十人の人々を雇用しています。元気な農畜産業があれば、働く場所が地方にできるということです。

しかも同社会長の下山好夫氏は、常々次のように述べています。

「日本の気象条件は、アメリカの中西部やオーストラリアと違い、太陽が燦々《さんさん》と照り、雨も多い。だから飼料用とうもろこしの生産に最適です」

「用排水施設の整備された水田で、大型機械を利用して栽培すれば、アメリカから輸入する粗飼《そし》料《りょう》にコスト面でも十分競争できます」

現に瑞穂農場では、茨城県と栃木県を中心に、つくり手がいなくなり、耕作放棄地になりかねない水田を買ったり借りたりして、飼料用とうもろこしや飼料米を生産しています。近年、その面積を急速に拡大させており、一千ヘクタールにも及びます。

ITやAI、そしてロボットの時代において、農業もこれらの技術を活用したスマート農業の展開によって、画期的な生産性の向上を遂げることが期待されます。しかし、その根幹となるところは、人の頭脳と手足に頼らざるを得ない産業、その代表が農林水産業です。しかも農林水産業は人や地域に立脚する産業です。だからこそ、農林水産業が元気になれば地方は必ず活性化できると、私はそう確信しています。

活構研の会員には、この混迷の時代にあって、ピンチをチャンスに変えるべくチャレンジしている多くのリーダーがいます。また、シオンテクノロジーの原哲人氏、有機産業の鈴木一良《かずよし》氏、林養魚場の林愼平氏、日本きくらげの山田正一朗氏のように、農水産業の飛躍的な生産性向上と良質な農水産物の生産、品質管理の向上などを実現し得る人材とその革新的な技術があります。

コロナ後の日本に私は希望を持っています。

日本は戦後、ベビーブームによる人口増加と農村から都市への人口移動により、太平洋ベルト地帯を中心に重化学工業や加工流通業が集積、発展して、高度経済成長を実現しました。

これに伴い、日本には急激な都市化と国土の不均衡な発展がもたらされました。

コロナ後の日本においては、高齢化と人口減少が進むなかで、全国の多くのベンチャー精神に溢《あふ》れた農林水産業者の活躍と画期的な技術の活用により、次のような展開が期待できるのではないでしょうか。

①高齢者や女性がその体力や気力に応じた産業で活躍する機会が増える
②農林水産業など人の頭脳と手足に頼らざるを得ない産業に価値が置かれる

③都市においては、情報・加工流通業を中心にＩＴ、ＡＩ、ロボットなどの先端技術の活用により、省力化、無人化が進展する

④地方においては、情報・加工流通業を含む多様な労働力の活躍により、活力のある農林水産業が再構築され、関連産業と相まって、地域の人口と生活が支えられる

先に紹介した北海道の美瑛町《びえいちょう》や中標津町《なかしべつちょう》のケースのように、農畜産業が支える豊かな景観こそ、人々を魅了し、観光業の発展にもつながります。

こうした都市と地方の産業の棲《す》み分けを加速させることにより、コロナ後の日本では、都市と地方農山村が均衡ある発展をして、災害に強い国土の形成を期待できると考えます。

おわりに

五十年あまりの私の農林水産業と村おこしに関わる人生において、北海道庁に出向した体験は、決定的な意味を持つものだったと思っています。

一九八五年三月末のことでした。田中宏尚官房長と「畜産物価格決定」に関する陳情で上京していた北海道上川《かみかわ》地区農協組合長会（会長・藤野貞雄富良野《ふらの》農協組合長）のメンバーとの面談があり、当時、大臣官房広報室長だった私も、この場に立ち会っていました。人事の発令前だったのですが、田中官房長が突然、このメンバーに「今度、本田くんが北海道庁に出向するからよろしく頼みます」と紹介してくれました。

藤野組合長は、のちにホクレン会長になり「21世紀村づくり塾１００人委員会」の委員にも就任してもらいました。北海道出向中はもとより、その後も長く北海道の農業の地域情報の提供を受け、現場感覚に沿った仕事を進めるうえで貴重なおつき合いとなりました。

出向当時、北海道では上田恒夫副知事、向田孝志農務部長と松田利民農政課長（いずれも後に副知事）に国と地方の関係や、地方の実情を踏まえた農政の進め方についてご指導をいただきました。

また、公私ともに親しくおつき合いいただいた村本進（のちの農政部長）、大石宣久、笹川幸男、上田静夫の各氏とは、今日に至るまで毎年六月に札幌でお会いして、北海道の今日と明日を語り合いながら、旧交を温めています。

出向（一九八五〜八八年）の三年間には二百十二市町村（当時の数）を訪ね、農業関係の誰かと会い、何かを見ることを目標にしていました。結果は百九十九市町村でしたが、どの市町村でも市町村長や農協組合長、農畜産業経営者など多くの方々に地域の実情や課題について教えていただきました。

本書では「村の言葉と村おこし」「日本型食生活」「米の粉食化」について多く触れてきました。また、全編を通して多くの人々とのご縁（全部は紹介できませんでしたが）を大切にしながら、仕事に取り組んできたことを述べたつもりです。

そういった意味では、本書のテーマは「和」と「輪」だといえます。

二〇二〇年九月には、大学時代からの畏友《いゆう》である衆議院議員の平沢勝栄《かつえい》氏が、菅義偉《すがよしひで》内閣で復興大臣・福島原発事故再生総括担当大臣に就任されました。東北復興にいささかなりともお役に立てればとの思いで活構研を立ち上げた私からすると、これもご縁かと感じています。

コロナ禍の困難な時代にあって「和」と「輪」が契機になることを期待しています。

最後に活構研の運営を支えていただいている堀越孝良氏をはじめ、菊池俊矩、上甲継男、佐藤孝二、佐藤憲雄、佐々木博志の各位に感謝します。また、粗雑な原稿や話を分かりやすくまとめていただいた仙波晃氏、飛鳥新社月刊『Hanada』副編集長の沼尻裕兵氏に心からお礼を申し上げます。

本田　浩次（ほんだ・こうじ）

昭和19年、埼玉県生まれ。東京大学経済学部卒。昭和43年に農林省（現・農林水産省）入省。北海道農務部次長、農林水産省構造改善事業課長、農林水産省食品流通局長・畜産局長などを歴任。現在は農林水産業活性化構想研究会代表、有限会社楽市研究所会長を務める。趣味はウォーキングで、平成6年～令和2年の27年間の歩数は1億2564万歩にも上る。PPK（ピンピンコロリ）研究会の活動に取り組む健康評論家。

日本の農林水産業が世界を変える

2021年４月20日　第１刷発行

著　　者　本田浩次
発 行 者　大山邦興
発 行 所　株式会社　飛鳥新社
〒101-0003　東京都千代田区一ツ橋2-4-3　光文恒産ビル
電話　03-3263-7770（営業）　03-3263-7773（編集）
03-3263-5726（月刊『Hanada』編集部）
http://www.asukashinsha.co.jp
装　　幀　飛鳥新社デザイン部
編集・構成　仙波晃
印刷・製本　中央精版印刷株式会社

ISBN 978-4-86410-828-7

編集担当　沼尻裕兵　工藤博海